环保公益性行业科研专项经费系列丛书

有色冶炼砷污染源解析及废物控制

ARSENIC POLLUTION IN NON-FERROUS METALLURGY
Source Apportionment and Waste Control

闵小波 邵立南 周 萍 李 飒 著

科学出版社

北 京

内 容 简 介

　　环境、资源和能源是影响中国有色金属工业发展的主要因素。有色行业的砷污染控制，不仅是促进行业绿色持续发展的关键，同时也是我国重金属污染防治的重大任务。

　　本书以有色冶炼砷污染源解析及废物控制为主线，系统介绍了砷污染特征及其污染现状、铜冶炼过程砷污染物排放特征、铜冶炼过程砷污染源动态解析技术、铜冶炼过程砷污染源排放清单、含砷废物稳定化处置技术及铜冶炼行业污染源环境管理措施。

　　本书可供从事重金属污染防治的科学技术人员和工程人员参考，也可作为冶金、环保专业本科生、研究生的教学参考书。

图书在版编目(CIP)数据

有色冶炼砷污染源解析及废物控制=ARSENIC POLLUTION IN NON-FERROUS METALLURGY Source Apportionment and Waste Control / 闵小波等著. —北京：科学出版社，2018.2

（环保公益性行业科研专项经费系列丛书）

ISBN 978-7-03-056471-9

Ⅰ. ①有… Ⅱ. ①闵… Ⅲ. ①砷–有色金属冶金–污染源治理 ②砷–有色金属冶金–废物处理 Ⅳ. ①X758

中国版本图书馆 CIP 数据核字(2018)第 019819 号

责任编辑：李　雪 / 责任校对：彭　涛
责任印制：张　伟 / 封面设计：无极书装

科学出版社 出版
北京东黄城根北街 16 号
邮政编码：100717
http://www.sciencep.com

北京凌奇印刷有限责任公司 印刷
科学出版社发行　各地新华书店经销

*

2018 年 2 月第 一 版　开本：787×1092　1/16
2020 年 3 月第三次印刷　印张：11 3/4
字数：300 000

定价：98.00 元
（如有印装质量问题，我社负责调换）

序

我国作为一个发展中的人口大国，资源环境问题是长期制约经济社会可持续发展的重大问题。党中央、国务院高度重视环境保护工作，提出了建设生态文明、建设资源节约型与环境友好型社会、推进环境保护历史性转变、让江河湖泊休养生息、节能减排是转方式调结构的重要抓手、环境保护是重大民生问题、探索中国环保新道路等一系列新理念新举措。在科学发展观的指导下，环境保护工作成效显著，在经济增长超过预期的情况下，主要污染物减排任务超额完成，环境质量持续改善。

随着当前经济的高速增长，资源环境约束进一步强化，环境保护正处于负重爬坡的艰难阶段。治污减排的压力有增无减，环境质量改善的压力不断加大，防范环境风险的压力持续增加，确保核与辐射安全的压力继续加大，应对全球环境问题的压力急剧加大。要破解发展经济与保护环境的难点，解决影响可持续发展和群众健康的突出环境问题，确保环保工作不断上台阶、出亮点，必须充分依靠科技创新和科技进步，构建强大坚实的科技支撑体系。

2006 年，我国发布了《国家中长期科学和技术发展规划纲要(2006—2020 年)》(以下简称《规划纲要》)，提出了建设创新型国家战略，科技事业进入了发展的快车道，环保科技也迎来了蓬勃发展的春天。为适应环境保护历史性转变和创新型国家建设的要求，国家环境保护总局于 2006 年召开了第一次全国环保科技大会，出台了《关于增强环境科技创新能力的若干意见》，确立了科技兴环保战略；2012 年，环境保护部召开第二次全国环保科技大会，出台了《关于加快完善环保科技标准体系的意见》，全面实施科技兴环保战略，建设满足环境优化经济发展需要、符合我国基本国情和世界环保事业发展趋势的环境科技创新体系、环保标准体系、环境技术管理体系、环保产业培育体系和科技支撑保障体系。近年来，在广大环境科技工作者的努力下，水体污染控制与治理科技重大专项实施顺利，科技投入持续增加，科技创新能力显著增强；现行国家标准达 1500 余项，环境标准体系建设实现了跨越式发展；完成了 100 余项环保技术文件的制修订工作，确立了以技术指导、评估和示范为主要内容的管理框架。环境科技为全面完成环保规划的各项任务起到了重要的引领和支撑作用。

为优化中央财政科技投入结构，支持市场机制不能有效配置资源的社会公益研究活动，"十一五"期间国家设立了公益性行业科研专项经费。根据财政部、科技部的总体部署，环保公益性行业科研专项紧密围绕《规划纲要》和《国家环境保护科技发展规划》确定的重点领域和优先主题，立足环境管理中的科技需求，积极开展应急性、培育性、基础性科学研究。"十一五"以来，环境保护部组织实施了公益性行业科研专项项目 479 项，涉及大气、水、生态、土壤、固体废物、核与辐射等领域，共有包括中央级科研院所、高等院校、地方环保科研单位和企业等几百家单位参与，逐步形成了优势互补、团结协作、良性竞争、共同发展的环保科技"统一战线"。目前，专项取得了重要研究成果，提出了一系列控制污染和改善环境质量技术方案，形成一批环境监测预警和监督管理技术体系，研发出一批与生态环境保护、国际履约、核与辐射安全相关的关键技术，提出了一系列环境标准、指南和技术规范建议，为解决我国环境保护和环境管理中急需的成套技术和政策制定提供了重要的科技支撑。

　　为广泛共享"十一五"以来环保公益性行业科研专项项目研究成果，及时总结项目组织管理经验，环境保护部科技标准司组织出版《环保公益性行业科研专项经费系列丛书》。该丛书汇集了一批专项研究的代表性成果，具有较强的学术性和实用性，可以说是环境领域不可多得的资料文献。该丛书的组织出版，在科技管理上也是一次很好的尝试，我们希望通过这一尝试，能够进一步活跃环保科技的学术氛围，促进科技成果的转化与应用，为探索中国环保新道路提供有力的科技支撑。

黄润秋

中华人民共和国环境保护部副部长

2017 年 12 月 12 日

前　言

　　砷是一种有毒而著名的类金属，以不同的形态和途径污染环境。世界上发生了一系列重大的砷污染事件，涉及人口之多，危害之大，触目惊心！仅近年来，在我国就发生了十余起。砷污染问题已引起全球高度关注。

　　有色冶炼行业年产排砷占全国人为砷排放量近一半，已成为我国主要的砷污染来源。本书包括砷污染特征及其污染现状、铜冶炼过程砷污染物排放特征、铜冶炼过程砷污染源动态解析技术、铜冶炼过程砷污染源排放清单、含砷废物稳定化处理技术及铜冶炼行业污染源环境管理措施。有色冶炼行业的砷污染控制，不仅是促进行业绿色持续发展的关键，同时也是我国重金属污染防治的重大任务。

　　本书第 1 章由闵小波、王云燕编写；第 2 章由邵立南、唐崇俭、梁彦杰、杨晓松编写；第 3 章由周萍、邹滨、黎昌俊、陈卓编写；第 4 章由李飒、李泽熙、郭远杰、李晨、史美清编写；第 5 章由闵小波、柯勇、王云燕编写；第 6 章由邵立南、闵小波编写。全书由王云燕统稿、闵小波修改审定。

　　本书的研究工作得到了环保公益性行业科研专项"铜冶炼过程砷污染源解析及其废物控制技术研究"(201509050)的资助，在此表示感谢。另外，还要感谢团队博士研究生刘德刚、李辕成、费讲驰、杨锦琴、向开松、姚文斌、龙鹏及硕士研究生马敬敬、徐慧、刘达兵、谢静等为本书所做的贡献。书中所引用文献资料统一列在参考文献中，部分做了取舍、补充和变动，如有遗漏，敬请读者或作者谅解，在此表示衷心的感谢。

2018 年 1 月 7 日

目　　录

第1章 砷污染特征及其污染现状

1.1 砷污染来源及其毒性

砷(As)是一种普遍存在于大气圈、岩石圈、水圈和生物圈等生态系统中具有类金属特性的元素,在地壳最丰富元素中排名第 20 位[1],平均浓度约为 5mg/kg[2]。

砷在自然界中分布广泛,但少以单独矿床存在,多以硫化物形式与其他矿物伴生存在。砷伴生在金、铅、锌、铜、锡等矿产资源中,每开采 1t 其他金属(金除外),相应带出 0.12~10.8t 砷。有色金属冶炼行业每年大约排放 10.6 万 t 砷,占全国砷排放总量的 50%。其中,铜冶炼排放的砷占有色金属冶炼行业砷排放总量的 80%以上,铅冶炼行业的砷排放量约占砷排放总量的 6.4%。自然界中含砷的矿物超过 200 种,砷主要赋存于铅、铜、镍等有色金属矿石中[3]。砷属于亲硫的类金属或半金属元素,在天然矿物中主要以硫化物形式存在,毒砂(FeAsS)、砷磁黄铁矿(FeAsS$_2$)、砷铁矿(FeAs)、雄黄(AsS)和雌黄(As$_2$S$_3$),部分以硫砷化物、砷化物、硫化物及砷酸盐的矿物形式存在,如臭葱石(FeAsO$_4$·2H$_2$O)、砷铅石 PbAs、砷铜铅石[PbCu$_3$(AsO$_4$)(OH)$_2$]、砷铅铁石[PbFe$_2$(AsO$_4$)$_2$(OH)$_2$]、砷钙铜石[CaCu(AsO$_4$)(OH)]、光线石[Cu$_3$(AsO$_4$)(OH)$_3$]、橄榄铜石和墨绿砷铜石等。此外,砷还以类质同象形式赋存于硫化物中,形成含砷矿物,如黄铁矿、磁黄铁矿、黝铜矿、黝锡矿、脆硫锑铅矿等;自然界中砷的单质比较少见。砷主要赋存于有色金属矿床中以伴生矿产出,占砷矿总储量的 80%以上,因此,砷渣来源主要为含砷有色金属的开采、选矿、冶炼、加工产业,在选冶流程和涉砷产品的生产和应用过程中形成砷污染。主要重有色金属精矿或矿物中的砷含量见表 1-1。

表 1-1 主要重有色金属精矿或矿物中的砷含量[4]

精矿或矿物	砷含量/%
铜精矿	0.19~1.88
铅精矿	0.46
锌精矿	0.34~0.625
锡精矿	0.5~1.65
锑精矿	0.09~0.16
高砷铜精矿	2.73
铅锑氧化矿	0.76~1.20
铅锌氧化矿	0.17
金锑矿	1~5
砷钴矿	50~55
砷钴镍矿	33.79

砷不溶于水，几乎无毒。雄黄、雌黄在水中溶解度很小，毒性很低。砷的氧化物和一些盐类绝大部分属高毒类物质。一般而言，无机砷的毒性较有机砷强；三价砷毒性较五价砷大，其中As_2O_3毒性最强[5]。

砷中毒主要由砷化合物引起，砷化合物的毒性很大程度上取决于其在水中的溶解度。其中以毒性较大的As_2O_3中毒为多见，口服 0.01~0.05g 即可发生中毒，致死量为 0.76~1.95mg/kg。砷化物还可经皮肤或创面吸收而中毒。急性砷中毒症状有呕吐、腹痛、腹泻、神经麻痹、肌肉抽筋等。长期接触砷化物可引起慢性中毒，且能引发皮肤癌、膀胱癌和肺癌等。熔烧含砷矿石，制造合金、玻璃、陶瓷、印染、含砷医药和农药的生产工人和长期服用含砷药物均可引起砷中毒，饮水中含砷过高，可引起地方性砷中毒。

关于砷中毒事件，早在 1900 年英国曼彻斯特就因啤酒中添加含砷的糖，造成 6000 人中毒和 71 人死亡。1955~1956 年，日本森永奶粉公司因使用含砷中和剂（含As_2O_3达 25~28mg/L），引起 12100 余人中毒，130 人因脑麻痹而死亡。典型的慢性砷中毒事件是日本宫崎县吕久砷矿附近因土壤中含砷量高达 300~838mg/kg，致使该地区小学生慢性中毒。孟加拉国的砷污染更是被世界卫生组织称为"历史上一国人口遭遇到的最大的群体中毒事件"。2010 年，孟加拉国 7700 万人饮用水砷超标，首都达卡 20%的死者死因源于砷污染；智利含砷废渣堆存引起 Tocance 河水污染，使该地区 12%的学生受到砷害威胁。中国湖南省常德市石门县鹤山村，1956 年国家建矿开始用土法人工烧制雄黄炼制砒霜，直到 2011 年企业关闭，已导致附近土壤和水体含砷量均超标。根据 2013 年 *Science* 杂志[6]发布的中国砷污染预警模型估算，中国 1/3 的省市已出现了严重的地方性砷中毒。

砷污染主要来源于砷和含砷矿石的开采、选矿、冶炼、加工，煤炭燃烧，以及砷制品使用过程中产生的二次污染。砷污染物一旦进入环境，将通过化学过程和生物转化，以不同形态存在于水、土壤、植物、海洋生物和人体中，并且在各类砷化合物之间形成循环，对生态环境和人类健康产生持续影响[7]。美国规定居民区大气中砷最高容许浓度为 $3\mu g/m^3$；车间空气中砷化氢最高容许浓度为 $0.3\mu g/m^3$；饮水中砷最高容许浓度为 0.05mg/L，并建议达到 0.01mg/L；欧洲规定饮水中砷最高容许浓度为 0.2mg/L；苏联规定为 0.05mg/L（世界卫生组织的标准为 0.01mg/L）；中国规定饮用水中砷最高容许浓度为 0.04mg/L，地表水包括渔业用水为 0.04mg/L，居民区大气砷的日平均浓度为 $3\mu g/m^3$。全球砷矿资源探明储量中 70%集中在中国，使得我国成为世界上受砷污染最为严重的国家之一。

1.2 水体中砷污染特征及现状

据报道，全世界有数千万人面临着饮用水受砷污染的风险，这构成了一个重大的公共卫生问题[8]。砷进入饮用水可能与含砷自然基岩的存在有关。在孟加拉国、印度的西孟加拉邦和中国的一些地区已经发现了这种含砷的基岩，所以在这些地方发生了许多砷污染对人类健康造成严重影响的事件[9]。当含砷丰富的地热流体与地表水接触时可能发生地表水的砷污染。矿物的采、选、冶等人类活动几乎都会导致或加剧砷污染[10]。地下水中砷污染主要归因于河床侵蚀导致的矿石和矿物溶解，也可能是一些地区的工业废水造成的[11,12]。含砷矿物中与地下水砷污染相关的有砷酸盐、碱金属硫化物、雄黄、黄铁矿、砷黄铁矿和铁（氧）氢氧化物[13]。砷从矿物中释放的机制多种多样，并受（生物）地球化学过程影响：含砷硫化物的氧化、砷从氧化物和氢氧化物上解吸、还原性溶解、蒸发浓缩、被碳酸盐从硫化物中浸出及微生物导致的迁移[14]。在地热活动区，地表水比地下水更容易受到砷污染，有证据表明增加地热能的使用可能会提高受影响地区砷暴露的风险[15,16]。过去和现在的采矿活动仍是环境砷污染的重要来源。由于含金和含砷的矿物共存，在金矿开采活动中不可避免地活化了砷。其他主要的砷污染来源还包括砷煤的燃烧，含砷杀虫剂和防腐剂的使用[17]。

世界卫生组织对饮用水中砷的推荐限量是 10μg/L，据此标准推算全球有超过 10 亿人口面临着砷污染风险，其中，超过 4.5 亿人口来自亚洲的发展中国家，接触的是砷浓度超过 50μg/L 的饮用水。未污染的地表水及地下水中砷的典型浓度为 1～10μg/L。有 70 余个国家的地下水中砷浓度超过了自然背景值，相应的浓度范围为 0.5～5000μg/L[18]。孟加拉国、印度西孟加拉邦等地和越南的大部分地区还依赖砷污染的地下水来灌溉农作物（如大米）[19,20]。河流和湖泊中砷的自然浓度为 0.15～0.45μg/L[21]，但受到污染时砷的平均浓度可以达到 0.8μg/L[22]。地热输入、蒸发和地下水污染是河流中砷浓度升高的主要原因，采矿活动也可能引起河流中砷浓度升高。例如，由于砷黄铁矿的开采和加工处理导致澳大利亚新南威尔士的摩尔河中砷的浓度从 110～600μg/L 增加到了 13900μg/L[23]。尽管地热输入和采矿活动也会导致湖水中砷浓度增加，但相比于河流，湖水中的砷浓度相对较低。这可能因为砷在铁氧化物表面吸附[24]或沉积在底部沉积物中[25]。海水中砷的浓度低于 2μg/L[26]。大西洋和太平洋深水域的砷浓度为 1.0～1.8μg/L[19]，太平洋近海岸的砷浓度为 3.1μg/L，澳大利亚南部沿海水域为 1.1～1.6μg/L[27]。河口水域的砷浓度比开放海域的海水更加均匀，河口水域的砷浓度可能受到工业和采矿废水及地热的影响。淡水和海水混合后的质量和盐度将影响在河口和大陆架溶解的砷浓度。

砷存在多种氧化态，三价和五价最常见。在环境中发现的砷具有多种化学形态，如甲基砷酸[MMA；$CH_3AsO(OH)_2$]、二甲基砷酸[DMA；$(CH_3)_2AsOOH$]、三甲基氧化砷[TMAO；$(CH_3)_3AsO$]、砷甜菜碱[AsB；$(CH_3)_3AsCH_2COOH$]、砷胆碱（AsC）、砷糖（AsS）等[28]。甲基砷化合物（MMA、DMA、TMAO）有时以较高的浓度存在于土壤中[29]。砷的物种形态和化学价态取决于其存在基质的 pH 和氧化还原条件，同时又决定了砷的毒性大小。As(V)在氧化性水溶液中是稳定的，As(III)在还原性溶液中是稳定的[22]。砷在厌氧的地下水中主要为 As(III)。地下水做为灌溉用水进入土壤时，As(V)可以被铁或锰的氧化物吸附固定以减少生物可利用性[30]。在厌氧的土壤条件下，如在水淹的稻田中，砷主要表现为 As(III)且很容易溶解在土壤孔隙水（土壤溶液）中[31]。As(III)和矿物表面的亲和力很小，所以 As(V)更容易吸附在矿物表面。因此，对含 As(III)的地下水及地表水采用氧化沉淀技术处理非常有效。自然界中广泛存在的植物及微生物能够对砷产生氧化或还原作用，因此，也有研究将生物处理技术用于处理土壤或地下水的砷污染。例如，Katsoyiannis 等[32]研究了在地表水处理过程中 As(III)的细菌氧化过程和随后 As(V)被吸附到生物形成的锰氧化物上，肯定了细菌在 As(III)的氧化和活性氧化锰的形成中起着重要的作用。另外，有研究发现铁氧化细菌具有比锰氧化细菌更好的除砷效果[33]。然而，针对砷污染严重的工业生产废水，如金属冶炼废水、酸性采矿废水及硫酸生产废水等，化学法往往更加快捷、有效，目前广泛采用的方法有硫化物沉淀法及中和铁盐沉淀法等[34]。由于含砷生产废水一般在含有高浓度砷的同时还含有铜、铅、铬等有毒有害重金属，采用化学处理法可以达到多种污染物的同时去除[35]。但考虑到污染物的资源循环和再利用，共同去除并非最佳选择，针对性地回收将更具市场吸引力。针对砷含量高的工业生产废水开发砷产品回收技术将成为研究的焦点，也将是促进砷的闭路循环及减少环境砷污染的有效途径。

1.3　大气中砷污染特征及现状

1.3.1　大气中砷的来源

大气圈中砷的输入途径包括：①陆地火山喷发；②人类活动导致砷的释放，如冶炼、燃煤、燃油等；③陆地表面土壤圈中砷的低温挥发和土壤风蚀；④海洋挥发[36,37]。火山爆发、含砷矿物风化等是大气中砷的重要天然来源，而有色金属冶炼、化石燃料燃烧以及含砷杀虫剂、除草剂、木材防腐剂的大量使用等人为大气砷排放是天然排放量的 3 倍多[38]。

由于进入大气中的砷会经降水与沉降最终进入水体或土壤，其在大气环境中的生命周期为 7~10 天，实际上有 800~1740t 保有量的砷存在于大气中。图 1-1 中给出了各圈层中砷的储量、浓度和各圈层之间的通量。其中人类活动导致的砷释放量最大，人为源向大气中排放的砷总量可以达到 28070t/a，占总释放量的 70% 以上。在南北两个半球的空气中砷的分布并不均衡，其中北半球空气中砷的保有量为 1480t，远大于南半球的 260t，此差异与北半球更大的陆地面积和更为密集的高度工业化国家的排放有关[36]。

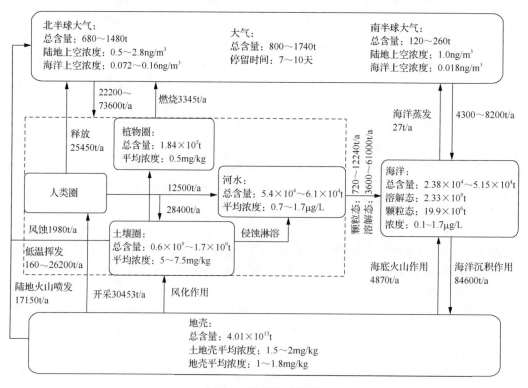

图 1-1　砷的地球化学

1. 天然来源

偏远区域大气中砷主要来自天然源，如火山爆发释放到大气的量约为 17150t/a，自然发生的森林大火、油料和木材燃烧释放量为 125～3345t/a，海洋释放到大气中的砷约为 27t/a，土壤微生物低温活动的释放量为 160～26200t/a[19,36,39]。含砷矿物的风化侵蚀释放也是大气砷的另一个重要天然来源。环境中高砷矿物主要与硫共生，如雌黄(As_2S_3)、毒砂(FeAsS)、雄黄(AsS)、辉钴矿(CoAsS)、硫砷铜矿(Cu_3AsS_4)、红砷镍矿(NiAs) 和砷黝铜矿($Cu_{12}As_4S_{13}$)等，这些矿物受风化侵蚀作用，向大气释放约 1980t/a 的砷[36,40]。自然界中，部分无机砷经微生物的甲基化过程释放到大气中，甲基化的产物如一甲基砷和二甲基砷，或进一步被生物转化为无机砷或氧化为具有挥发性的砷类化合物[AsH_3、CH_3AsH_2、$(CH_3)_2AsH$、$(CH_3)_3As$]，最终以气态形式进入大气[41~43]。

2. 金属开采与冶炼

铜、镍、铅、锌矿石的冶炼是最重要的砷污染源，每年向全球大约排放 6200t 砷，其中 80%又是来自铜的冶炼[44]。

3. 化石燃料的燃烧

砷的另一重要人为源是化石燃料的燃烧。砷是亲煤元素，其对煤中的有机或无机成分有很强的亲和性。在生煤和褐煤中，平均砷含量分别为 (9.0±0.8)mg/kg 和 (7.4±1.4)mg/kg，煤燃烧过程中砷元素会在高温下氧化为 As_2O_3，并挥发进入燃煤烟气，且温度越高，砷气化率越高。经计算，煤中砷约有 3.9%进入烟气[36]。

4. 含砷化学品的使用

自 1890 年，在没有替代品出现的情况下，砷酸钠等无机砷化合物广泛用作除草剂。砷总用量大约为 8000t/a，由于砷的挥发性，大约有 3440t/a 挥发到大气中[36,45]。在热处理含砷防腐剂的木材过程中，8%～95%的砷挥发进入大气等环境中，约有 150t/a 的砷经由防腐剂的使用进入大气环境中[36]。表 1-2 为各行业向大气中排放砷的情况。

表 1-2　各行业向大气中排放砷的情况

行业	排放量/t	占比/%
炼铜	12080	43.0
炼铅	1430	5.1
炼锌	780	2.8
炼钢	60	0.2
煤燃烧	6240	22.2
木材燃烧	425	1.5
森林与草原退化	1920	6.8
牧草燃烧	1000	3.6

续表

行业	排放量/t	占比/%
除草剂	3440	12.3
木材防腐剂	150	0.5
玻璃生产	467	1.7
垃圾焚烧	78	0.3
合计	28070	—

1.3.2 大气中砷的存在形态及转化

砷位于元素周期表第五主族，价态包括+5(砷酸盐)、+3(亚砷酸盐)、0(砷)、−3(砷化氢)。环境中暴露的砷主要以 As(III) 或 As(V) 的形态存在。

砷的迁移主要通过风化作用、生物活动、火山爆发等自然活动以及人为活动而进行[21,24,36]，而砷的主要运输途径是大气，大气中砷的转化由还原反应、氧化反应、甲基化反应等控制[46]。

目前，大部分研究认为砷是通过富集在 PM2.5 上进行大气传输，因此对于大气砷迁移转化的研究主要集中在大气颗粒物(总悬浮颗粒物 TSP)、PM10 和 PM2.5 等)中的砷形态。大气颗粒物中的砷主要有以下几种存在形式：①形成难溶的砷酸盐(如砷酸钙、砷酸铝、砷酸铁等)而在大气颗粒物中沉积；②被大气颗粒物吸附，对砷起着缓冲作用；③吸附在大气颗粒物和其他金属难溶盐沉淀的表面；④存在于大气颗粒物的晶体结构中；⑤溶解在大气颗粒物溶液中成为水溶性砷[47,48]。自 1975 年首次研究了大气颗粒物 PM>3 和 PM3 中有机砷和无机砷以来[未区分 As(III) 和 As(V) 的含量]，普遍认为颗粒物总砷中有机砷占比较高，达 20%。颗粒物中的砷主要以 As(III) 和 As(V) 的无机砷形态存在，其中由于氧化作用，As(V) 的占比在 70%以上，或者存在极少量有机砷 MAA 和 DMA[49~51]。砷氧化物或水溶性砷经过水解、析出附着在颗粒物表面，通过大气中微生物活动逐步转变为有机态的砷(一甲基砷、二甲基砷和三甲基砷)(图 1-2)。但目前检测出来的大气颗粒物中的有机砷是否来源于此过程依旧难以界定。因此，受限于检测手段，大气颗粒物携带的有机态砷的来源不是非常清晰，可能来源于甲基胂农药的应用、砷在大气迁移过程中的微生物甲基化或水和土壤介质中微生物甲基化释放的挥发性有机砷等[43]。

$$As(OH)_3 \xrightarrow{[CH_3]} CH_3AsO(OH)_2 \xrightarrow{2e^-}$$

$$\{CH_3As(OH)_2\} \xrightarrow{[CH_3]} (CH_3)_2AsO(OH)$$

$$(CH_3)_2AsO(OH) \xrightarrow{2e^-} \{(CH_3)_2As(OH)\} \xrightarrow{[CH_3]}$$

$$(CH_3)_3AsO \xrightarrow{2e^-} (CH_3)_3As$$

图 1-2 无机砷转为有机砷的过程

1.3.3 大气中砷污染现状

我国是有色金属大国，大部分的有色金属产量处于世界领先地位，而有色冶炼给大气带来了严重的砷污染。铜冶炼对大气的砷污染影响尤其巨大，铅锌冶炼也是另一个大气砷排放的来源。根据 2011 年的统计[52]，我国 31 个省(自治区、直辖市)有色金属行业对大气砷的排放见表 1-3。

表 1-3 我国 31 个省(自治区、直辖市)有色冶炼行业未被捕集而直接排放的烟尘含砷量

地区	锌烟尘含砷/t	铅烟尘含砷/t	铜烟尘含砷/t	锑烟尘含砷/t	钨烟尘含砷/t	锡烟尘含砷/t	总计/t
北京	0.00	0.00	0.00	0.00	0.00	0.00	0.00
天津	0.00	0.00	1.27	0.00	0.00	0.00	1.27
河北	0.00	0.00	1.30	0.00	0.00	0.00	1.30
山西	0.01	0.00	22.42	0.00	0.00	0.00	22.42
内蒙古	6.10	9.66	54.54	0.00	0.05	0.00	70.35
辽宁	3.74	6.13	13.43	0.00	0.00	0.00	23.29
吉林	0.00	0.00	0.26	0.00	0.00	0.00	0.26
黑龙江	0.00	0.00	0.25	0.00	0.00	0.00	0.25
上海	0.00	0.00	7.14	0.00	0.00	0.00	7.14
江苏	0.00	0.00	38.26	0.00	0.00	0.00	38.26
浙江	0.29	0.00	15.05	0.00	0.00	0.00	15.34
安徽	0.02	7.15	70.89	0.00	0.01	0.00	78.08
福建	0.22	1.38	4.80	0.00	0.08	0.00	6.48
江西	0.03	13.45	136.62	0.04	1.25	0.53	151.93
山东	0.00	0.00	48.17	0.00	0.00	0.00	48.17
河南	1.42	50.81	6.24	0.00	0.19	0.00	58.66
湖北	0.00	0.00	46.59	0.00	0.02	0.00	46.61
湖南	22.05	130.52	0.00	7.30	1.23	4.20	165.30
广东	1.79	8.49	0.00	0.00	0.05	0.00	10.33
广西	3.50	14.80	0.00	0.44	0.07	0.87	19.68
海南	0.00	0.00	0.00	0.00	0.00	0.00	0.00
重庆	0.00	2.40	5.72	0.00	0.00	0.00	8.12
四川	4.39	0.00	2.83	0.00	0.00	0.00	7.22
贵州	0.18	0.76	0.07	0.02	0.00	0.00	1.03
云南	5.97	22.17	56.38	0.15	0.06	2.85	87.58
西藏	0.00	0.00	0.45	0.00	0.00	0.00	0.45
陕西	4.66	7.61	0.71	0.00	0.00	0.00	12.98
甘肃	2.31	3.34	108.60	0.07	0.00	0.00	114.32
青海	1.22	1.00	0.00	0.00	0.00	0.00	2.22
宁夏	0.00	1.04	0.00	0.00	0.00	0.00	1.04
新疆	0.04	2.19	6.02	0.00	0.00	0.00	8.26
总计	57.94	282.90	648.02	8.02	3.01	8.45	1008.34

NASA 卫星检测得到的全球大气 PM2.5 的浓度表明，我国已经成为世界上 PM2.5 污染最严重的区域之一。由于大气砷污染的主要载体是大气颗粒物，因此附着在 PM2.5 中的砷污染也一直处于比较严重的状态。表 1-4 是我国主要城市的大气砷浓度。北方城市砷年均浓度为 33.9ng/m³，南方城市砷年均浓度为 27.0ng/m³。南北城市砷污染情况有一定的差距，这可能是由于北方大多是燃煤型城市，而燃煤是大气中砷的主要污染源之一。北方城市以西安市中砷浓度最高，可能是由于西安市地处秦岭造山断裂带以北，与岩石的风化和矿藏有较大关系。南方城市中以南京市中砷浓度最高，这可能与当地工业排放有关。

表 1-4　我国主要城市的大气砷浓度[53]

地区	年份	砷浓度/(ng/m³)
北京	2003	30.0
北京	2007	64.0
长春	2003	50.0
沈阳	2004	19.5
沈阳	2005	23.1
大连	2004	12.3
鞍山	2004	27.0
抚顺	2004	8.1
锦州	2004	20.2
锦州	2005	10.0
乌鲁木齐	2009(7 月)～2010(4 月)	30.8
天津	2003	35.0
西安	2003	80.0
榆林	2003	10.0
太原	2004	29.0
济南	2006(2 月)～2007(2 月)	15.0
青岛	2003	10.0
重庆	2003	55.0
成都	2009(4～5 月)	5.4
武汉	2003	65.0
南京	2002(12 月)～2003(10 月)	198.0
上海	2003	25.0
杭州	2003	30.0
长沙	2009(6～10 月)	11.7
福州	2007(4 月)～2008(1 月)	22.5
厦门	2003(1 月)	20.0
广州	2003	30.0
肇庆	2006(6～12 月)	31.8
香港	2003	10.0

表 1-5 为世界范围内各行业砷排放统计，表 1-6 为不同国家和地区砷平均浓度。全球的砷污染存在极度不平衡，发达国家大气颗粒物 PM2.5 中砷和 PM10 中砷的均值和平均含量范围分别是 3.22ng/m³、4.11ng/m³ 和 0.16～7.90ng/m³、0.18～9.90ng/m³。PM10 中砷和 PM2.5 中砷的均值和平均含量范围在发展中国家分别是 45.01 ng/m³、66.26ng/m³ 和 3.84～91.00ng/m³、5.99～272.00ng/m³。中国除个别地区 PM10 中砷和 PM2.5 中砷的平均含量低于限制标准外，其他均超出标准。对比不同经济发展体的 PM2.5 中砷和 PM10 中砷含量的均值，发展中国家是发达国家的 14 倍和 16 倍。落后的生产技术、迅速的经济发展、快速的能源消耗和滞后的环保政策等因素导致部分发展中国家的大气砷严重超标[54]。

表 1-5　世界范围内各行业砷排放统计[36]

地区	化石燃料燃烧/t	铜生产/t	铅生产/t	锌生产/t	钢铁生产/t	水泥生产/t	废物处理/t	总排放/t
欧洲	143	187	2	57	10	55	32	486
非洲	41	260	1	6	1	5	36	350
亚洲	342	1593	12	130	12	82	55	2226
北美洲	234	253	3	31	5	13	—	539
南美洲	9	868	1	19	1	6	—	904
大洋洲	40	25	1	8	—	1	1	76
世界总排放量	809	3183	19	251	29	133	124	4548

表 1-6　不同国家和地区砷平均浓度[54]

采样时间	国家或地区	特点	砷/(ng/m³)
2000 年	西班牙	城区	12.30
2003～2008 年	日本	岛屿	2.97
2005 年	中国	高寒山区	0.04
2005 年	巴西	城区	20.00
2009～2010 年	中国台湾	城区	3.85
2009～2011 年	中国	城区	130.00

1.4　土壤中砷污染特征及现状

1.4.1　土壤中砷污染现状

我国土壤中砷污染问题已在全国范围内逐渐显现。2014 年环境保护部和国土资源部发布《全国土壤污染状况调查公报》：全国土壤总的点位超标率为 16.1%，从土地利用类型看，耕地、林地、草地土壤点位超标率分别为 19.4%、10.0%、10.4%，从污染物超标情况看，砷的点位超标率为 2.7%，仅次于镉(7.0%)、镍(4.8%)，位居第三，土壤砷污染受到了社会广泛关注。江苏地区土壤(干重)中砷平均浓度为 10.367mg/kg，低于国家一级标准，但对不同年龄段砷的致癌风险评价表明 2～29 岁年龄段男性平均危险系数为 1.28，高于癌症风险值，这表明砷在土壤中的毒性不仅仅与其总量相关，而且与其在土壤中的形态有着较大的关系[55]。广西砷污染主要集中在西北地区，与矿业活动密切相关，在刁江与金城江流域，工矿区非农用土壤、工矿区农用土壤、非工矿区农用土壤、城区土壤中砷平均值分别为 140.5mg/kg、80.68mg/kg、19.11mg/kg、18.35mg/kg，而工矿区河流沉积物中砷含量更是高达 283.5mg/kg，远高于非工矿区[56]。国外土壤中砷污染现象也十分严重，孟加拉三角洲地区的砷污染调查表明：在 5cm、5~10cm、10~15cm 的土层中，砷平均浓度分别为 19.4mg/kg、27.2mg/kg、41.2mg/kg，水稻中砷的平均含量高达 1.6mg/kg[54]。为了治理普遍的砷污染问题，土壤钝化、土壤淋洗、电动修复、植物修复等一系列技术被应用于砷污染土壤修复[57~60]。但由于砷在土壤中的迁移转化、形态分布及生物有效性是十分复杂的过程，涉及土壤各个方面的因素，如土壤成分组成、氧化还原电位(Eh)、pH、土壤砷污染程度、竞争离子的存在等。砷污染土壤的修复也受这些因素的影响。且受砷污染的土壤一般面积很大、范围较广，土壤污染程度参差不齐。一般砷矿区及周边土壤砷污染程度比较严重，土壤中砷含量较高，这些客观因素均为砷污染土壤治理与修复带来困难。

1.4.2　土壤中砷污染来源

土壤砷来源同样包括自然源和人为源。地球上的砷储量为 3 亿 t，平均丰度为 5mg/kg。土壤中砷的自然来源主要是土壤母质，不同母质发育成的土壤中砷的含量也不相同，在火层岩中含量为 1.5mg/kg，在积层岩中砷含量高达 13mg/kg，小山雄生[61]统计世界上土壤砷含量为 9.36mg/kg，自然土壤中砷的含量一般不会超过 15mg/kg。从总体上看，石灰岩、浅海沉积物等发育的有机物较多、质地细的土壤中砷的含量高，花岗岩、磷灰岩等沙性土壤中含量较低[62]。在伊犁地区，土壤调查发现砷在土壤中含量大小为：黑钙土＞灰钙土＞栗钙土＞盐碱土[63]。在高砷地区或者火山地区砷的含量较高，因高砷地区水侵蚀、植物吸收和火山活动等自然过程，可使土壤中的砷逐步分散到环境中，对周边土壤及环境中砷的含量产生较大影响，并可能导致土壤中砷含量超标。例如，我国湖南大义山脉一带成土母岩发育土壤中砷含量高达 502.01mg/kg[64]。据统计，全球通过风化作用以及火山爆发向环境中排放的砷为 140~560t/a[65]。

除了自然来源外，工业、农业等人为活动中产生的砷也会造成土壤污染，包括采矿、冶金、杀虫剂的使用以及工业废物堆放等行为[66,67]。工业活动是砷污染的主要来源，据统计砷的工业产量约为 50000t/a[68]，中国、俄罗斯、法国、墨西哥、德国、秘鲁、瑞典、美国等是主要的含砷产品生产国，砷产量约占世界的 90%，工业生产已经造成了大规模的砷污染[69]。例如，墨西哥的砷污染源头主要来自冶金工业，冶金过程产生的固体废物中的砷在雨水冲刷作用下进入水体(地表水中砷的浓度为 4.8~158mg/L)，用这些污水对农田进行灌溉导致土壤中砷含量高达 172mg/kg(大部分以水溶性形式存在)，而当地玉米中砷超标 2.5 倍[70]。此外火力发电也是砷的主要来源，燃煤中砷的含量在 2~82mg/kg，而赤煤中的砷含量更是高达 1500mg/kg，产生的煤渣和灰尘中含有大量的砷[71]。除了工业污染，农业生产也是土壤砷的主要来源。在养殖业中，为了杀灭动物体内寄生虫，在过去的数十年里苯胂被大量的添加到动物饲料中[72,73]。每 1 吨水产养殖废水中含砷量为 45~80mg，每养殖一头猪平均排放 0.8g 砷[74]。另外磷肥的使用也是土壤中砷污染的来源，磷肥中砷的浓度为 20～50mg/kg[75]。据估计，人类活动向环境中排放的砷达 2.82 万～9.4 万 t/a[76]。

1.4.3 砷在土壤中的赋存形态

土壤中砷的赋存形态按照难溶程度可分为水溶性砷、吸附性砷、难溶性砷，其中水溶性砷和吸附性砷容易被植物吸收，这部分砷被称为有效砷。难溶性砷又分为铝型砷、铁型砷、钙型砷、闭蓄型砷，其中钙型砷的毒性大于铁型砷、铝型砷和闭蓄型砷，在酸性土壤中铁型砷和铝型砷占优势，在碱性土壤中钙型砷占优[77]。按照砷的化学性质，土壤中砷存在形式又可以分为无机和有机化合物。有报道[78]称，砷的毒性顺序依次为砷化氢(–3 价)＞有机砷化氢衍生物(–3 价)＞氧化砷(+3 价)＞有机氧化砷(+3 价)＞无机砷酸盐(+5 价)＞有机砷化物(+5 价)＞单质砷(0 价)。土壤中有机砷包括一甲基砷、二甲基砷和三甲基砷，有机砷存在时间较短，在土壤含量较低，容易向无机砷转化，土壤中砷主要以无机砷(+3 价，+5 价)的形式存在。

砷在土壤中的氧化还原反应对砷在土壤中的毒性有着重要的影响。在酸性与氧化条件下，土壤中的砷主要以无机砷酸盐的形式存在，在碱性与还原条件下土壤中的砷主要以无机亚砷酸盐的形式存在。通过蚯蚓对土壤中砷的毒理学研究表明：土壤中三价砷比五价砷具有更强的毒性，能对亚细胞结构产生更大的伤害[79]。在还原条件下，土壤中的五价砷能被微生物还原为三价砷，随着还原时间的增加，土壤溶液中三价砷会成为主要存在形态[80]。土壤中存在砷氧化细菌，变形菌能将三价砷氧化为五价砷[81]。

除了氧化还原反应，砷在土壤中的吸附也影响砷在土壤中的毒性。土壤中矿物成分的性质、pH 以及竞争离子的存在会影响土壤砷的吸附解吸过程，土壤 pH 越高，土壤对砷的吸附性能越差，砷的吸附量降低，砷的溶解增加。这是因为土壤胶体在高 pH 中的表面正电荷数减少，使得土壤颗粒与砷发生解离。土壤的矿物成分也对砷的吸附解吸起着重要的作用，对香港地区含砷土壤垂直剖面、淋滤特性和表面特征进行研究，结果表明 20m 以下地层中砷含量为 486～1985mg/kg，土壤中的砷与结晶铁铝氧化物有较强的结合[82]。在水稻土壤中，铁氧化物对砷的生物有效性有显著影响，一方面氧化铁在还原条件下被还原为可溶性的铁，导致吸附在氧化铁上的砷释放出来；另一方面在氧化条件下，二价铁离子形成氧化亚铁晶体，能有效降低砷在土壤中的有效性[83~85]。针铁矿、赤铁矿、纤铁矿对砷吸附能力的相关研究[86]发现其能力大小为：针铁矿＞纤铁矿＞赤铁矿。此外土壤中含铁氧化物的晶形与砷的吸附能力也有关系，无定形的铁氧化物对砷的吸附能力高于晶体含铁氧化物。除了氧化铁，二氧化锰对砷也有较强的吸附作用，吸附能力大小排序为：二氧化锰＞氧化铝＞氧化铁。

第2章 铜冶炼过程砷污染物排放特征

2.1 铜冶炼行业的发展和污染现状

2.1.1 铜冶炼行业的发展现状

2016 年，全球精炼铜产量达到 2346 万 t，较 2015 年增加 2.1%，中国精炼铜产量 844 万 t，同比增加 6%。我国铜消费需求旺盛，铜冶炼企业生产集中度相对较高，精铜的生产集中于江西、安徽、甘肃、云南、湖北、内蒙古等资源分布地，但部分没有资源的地区也大量发展了铜冶炼，并在中国精铜产业结构中占据了较高的比例，如山东、浙江等。我国矿产铜生产主要集中在江西铜业公司、铜陵有色公司、云南铜业公司、金川有色公司等 7 家大型企业。

近 30 年来，我国铜工业规模和技术装备水平发展迅速，多家大型铜冶炼厂技术和装备已经达到了世界先进水平，污染严重的鼓风炉、电炉、反射炉已逐步被淘汰，取而代之的是引进、消化并自主创新的富氧强化熔炼工艺，如闪速熔炼和熔池熔炼[87]。

2.1.2 铜冶炼主要工艺与技术

1. 火法冶炼工艺

当前，全球矿铜产量的 75%～80%是以硫化形态存在的矿床经开采、浮选得到的铜精矿做原料经火法炼铜而来，特别是硫化铜矿基本上均采用火法冶炼工艺。火法处理硫化铜矿的主要优点是适应性强、冶炼速度快、能充分利用硫化矿中的硫、能耗低。其生产过程一般由备料、熔炼、吹炼、火法精炼、电解精炼等工序组成，最终产品为电解铜[88]。

新的富氧强化熔炼可分为闪速熔炼和熔池熔炼两大类。铜闪速熔炼工艺及熔池熔炼工艺流程简图如图 2-1 及图 2-2 所示。

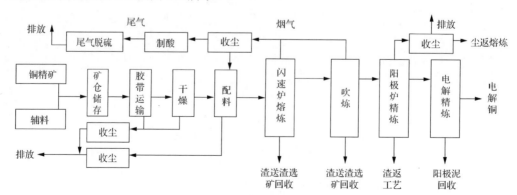

图 2-1 闪速熔炼工艺流程图

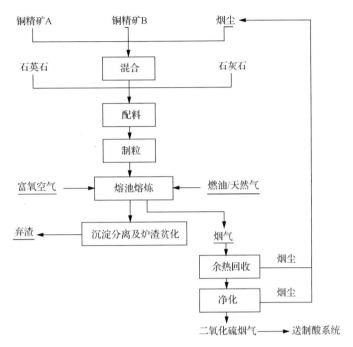

图 2-2　熔池熔炼工艺流程图

2. 湿法冶炼工艺

铜的湿法冶炼工艺通常采用堆浸—萃取—电积技术，流程简图如图 2-3 所示。

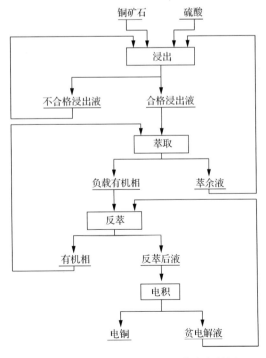

图 2-3　堆浸—萃取—电积工艺流程简图

2.1.3 有色金属冶炼过程污染物排放与治理

1. 工业废气治理技术

铜冶炼过程废气治理技术主要包括工业粉尘和烟尘治理技术及 SO_2 治理技术。

(1)烟(粉)尘的治理技术

铜冶炼厂烟气收尘及生产性粉尘处理分干式和湿式两类[89]。

目前,铜冶炼含尘废气90%以上采用干式收尘。常用的设备有沉降室、旋风收尘器、布袋收尘器和电收尘器等,可单独使用也可组合使用。一般除根据烟气温度、含尘量和含湿量以及烟尘比电阻等因素外,还考虑收尘装置的造价、材料消耗量、占地面积及维护管理的难易程度等因素。

湿法收尘适用于净化含湿量大的含尘烟气,精矿干燥烟气治理使用最多。但由于其易造成设备管道腐蚀,收下的烟尘呈浆状并有废水产生,难以处理,故在铜冶炼烟气治理中使用较少。

铜冶炼企业中备料工序所产生的含工业粉尘废气,一般采用布袋收尘器治理,废气中所含的工业粉尘大部分被除尘设备收集去除,并返回生产系统,生产废气达标排放。

熔炼烟气与转炉烟气合并,经余热锅炉降温回收热能后,再经电收尘进入制酸系统制取硫酸;烟气中所含烟尘大部分在余热锅炉—电收尘治理系统中去除,残留的烟尘在制酸过程中去除。

阳极精炼炉产生的含尘、低浓度 SO_2 烟气,采用高温袋式收尘或湿式收尘设备处理后,进行脱硫处理,进一步降低 SO_2 排放量。

各类炉窑炉口、出渣口等处散发的少量烟气,各企业均设置环保烟罩和吸风点,及时收集到环保通风系统。烟气中烟尘和 SO_2 浓度均较低,采用高温袋式收尘或湿式收尘设备处理后,进行脱硫处理,满足排放标准要求后可由环保烟囱排放。

(2) SO_2 的治理技术

冶炼烟气中的 SO_2 浓度在 3.5%以上的烟气可采用接触法制成硫酸;3.5%以下的低浓度烟气和冶炼烟气制酸后排放的尾气一般采用吸收法进行治理。

闪速熔炼工艺和熔池熔炼工艺所产生的烟气中 SO_2 浓度较高,可稳定达到两转两吸的制酸工艺要求,两转两吸的制酸流程转化率及吸收率高,一般均大于 99.5%,提高了冶炼工艺的硫总捕收率。

2. 工业废水治理技术

国内较大的铜冶炼企业在工业废水治理方面,均能遵循清洁生产原理,从废水产生源头削减工业废水,尽量做到清污分流,提高工业用水循环率,减少废水的产生;对于生产中所产生的工业废水,铜冶炼企业一般建有厂工业废水处理站,目前应用的方法有生物制剂法、石灰中和法及硫化法等,深度处理后净化水返回系统或达标排放[90~94]。

3. 工业固体废物处置及综合利用技术

铜冶炼排放的固体废物主要有冶炼渣、酸泥(砷滤饼、铅滤饼)、阳极泥、水处理污泥等[95,96]。

铜冶炼生产过程产生的冶炼渣(水淬渣、渣选矿尾矿)为一般固体废物,可综合利用。部分企业排放的冶炼渣在渣场堆存。

铜冶炼生产过程产生的烟尘、制酸工序产生的酸泥(砷滤饼、铅滤饼),由于含有铅、砷等有毒元素,属于危险废物,但这些烟尘、酸泥中含大量的有价金属。目前各厂收尘器收集的大部分烟尘返回冶炼系统,回收有价金属;少量烟尘,如转炉烟气收尘系统收集的白烟尘出售给有资质企业,回收铅金属;制酸系统产生的酸泥(砷滤饼、铅滤饼)也出售给有资质企业回收金属。

2.2　铜冶炼行业砷污染源调查及实测

2.2.1　概述

1. 调查内容

调查内容包括企业的生产工艺和生产规模、使用原料来源和成分分析、主要产品、主要生产设备、污染物产生排放节点及污染物排放量、污染物处理装置及治理技术等;重点关注元素砷等有毒有害重金属元素在全生产工艺过程中的产排情况和污染特征。

2. 研究方法

结合调查内容、资料收集、现场实测,利用数学统计、行业类比、专家咨询等方法进行数据处理,得出行业重金属污染物的排污系数。

2.2.2　铜冶炼行业砷污染源调查及实测

1. 闪速熔炼砷污染源调查及实测

(1)闪速熔炼+转炉吹炼工艺

A 铜业有限公司主要产品为电解铜和硫酸,并综合回收金、银等副产品。公司目前采用的是闪速熔炼工艺,经过"气流干燥—闪速熔炼—转炉吹炼—阳极精炼—电解精炼"生产阴极铜。其工艺流程如图 2-4 所示。

A. 工艺废气排污节点与污染防治措施

A 铜业有限公司生产过程中的废气排污节点主要有干燥烟气、阳极炉烟气、硫酸尾气、环境集烟烟气。

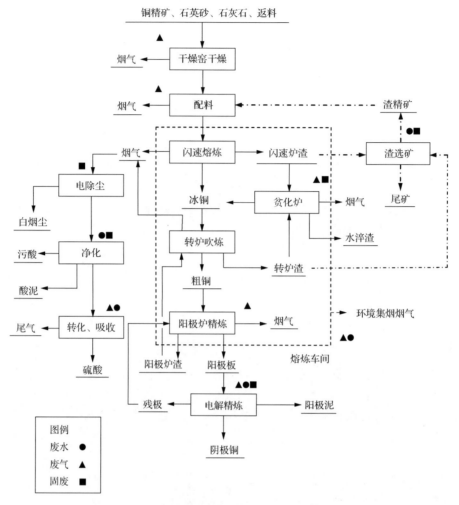

图 2-4　A 铜业有限公司工艺流程图

干燥烟气：该烟气主要污染物为烟尘、重金属；气流干燥系统产生的烟气，经除尘处理后由高度 120m、内径 2.0m 的排气筒排放。闪速炉、转炉烟气经余热锅炉回收热能及电收尘器处理后送硫酸车间生产硫酸产品，其简要流程如下：

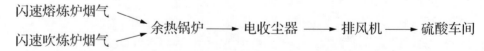

阳极炉烟气：阳极炉工序烟气经除尘处理后，通过一内径 2.2m、高 30m 的烟囱排入大气。

硫酸尾气：制酸烟气采用动力波稀酸洗涤净化技术，制酸工艺采用两转两吸的工艺流程，进入制酸系统的熔炼烟气和吹炼烟气经过余热锅炉、电收尘及制酸系统的动力波洗涤净化系统处理后，主要污染物为 SO_2、硫酸雾；硫酸尾气脱硫后最终经内径为 1.8m、高 90m 的尾气烟囱排放。

环境集烟烟气：主要污染物为 SO_2、烟尘和重金属；在闪速炉、转炉、铸渣机、沉渣机和阳极炉等系统的烟气泄漏点或散发点布`置集烟罩，烟气经处理后通过高 120m、内径 3.0m 的环保烟囱排放。在上述环境集烟系统设有钠法脱硫装置，装置的脱硫效率为 90%，除尘率≥90%；脱硫除尘后废气污染物达标排放。

A 铜业有限公司废气污染物达标排放情况见表 2-1。

表 2-1　废气污染物达标排放情况

类别	污染物	排放浓度/(mg/m³)	排放标准/(mg/m³)
环保烟囱	二氧化硫	83	400
	砷及其化合物	0.004	0.4
	铅及其化合物	0.019	0.7
制酸二系统	二氧化硫	56.2	400
	砷及其化合物	0.003	0.4
	铅及其化合物	0.028	0.7
制酸一系统	二氧化硫	93	400
	砷及其化合物	0.034	0.4
	铅及其化合物	0.025	0.7

B. 废水排放节点与污染防治措施

A 铜业有限公司生产所排放废水有一般生产废水(清净排水)、污酸、含重金属酸性废水。

污酸为制酸净化系统所排放，其中含有较高浓度的悬浮物和重金属离子。该废水在制酸车间处理后送废水处理站进一步处理。废酸处理工艺如图 2-5 所示。

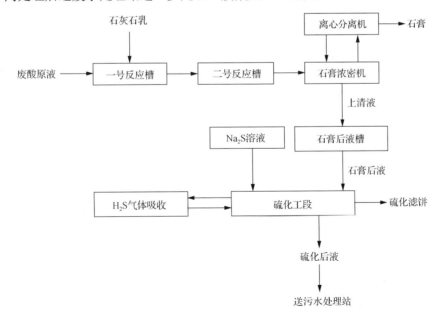

图 2-5　废酸处理工艺流程图

含重金属酸性废水为冶炼厂各工序清洗废水、电解车间废水等各种废水汇集，主要污染物为悬浮物、重金属离子；该废水送厂工业废水处理站采用石灰乳两级中和工艺处理达标后排放。

A公司废水污染物达标排放情况见表2-2。

表2-2　A公司废水污染物达标排放情况

排放口编号	污染物名称	排放浓度/(mg/L)	排放标准/(mg/L)
总排口	pH	7.35	6～9
	化学需氧量	38.1	60
	总汞	<0.00005	0.05
	总镉	<0.002	0.1
	总砷	0.043	0.5
	总铅	<0.06	0.5
	总铜	0.069	0.5
	总锌	0.04	1.5
	氨氮	0.365	8
	硫化物	0.69	1
南厂区排口	pH	6.81	6～9
	化学需氧量	53.6	60
	总汞	<0.00005	0.05
	总镉	<0.002	0.1
	总砷	0.017	0.5
	总铅	<0.06	0.5
	总铜	0.143	0.5
	总锌	0.276	1.5
	氨氮	0.418	8
	硫化物	0.37	1
北厂区排口	pH	7.92	6～9
	化学需氧量	26.2	60
	总汞	<0.00005	0.05
	总镉	0.002	0.1
	总砷	0.012	0.5
	总铅	<0.06	0.5
	总铜	0.036	0.5
	总锌	0.035	1.5
	氨氮	0.179	8
	硫化物	0.23	1

C. 固体废物排放节点与污染防治措施

A铜业有限公司在生产过程中产生的固体废物有水淬渣、转炉尾渣、净化滤饼、硫化滤饼、中和渣、石膏以及锅炉渣等，其中危险废物交危险废物处理中心处置，一般固体废物外售或回收利用。

A铜业有限公司固体废弃物产生量及处置方法见表2-3。

表 2-3 固体废弃物产生量及处置方法

序号	名称	来源	主要成分	处置方法
1	水淬渣	电炉水淬渣	Cu、S、Fe、SiO₂、MgO+CaO	直接作为水泥掺和料或作为炼铁原料外销
2	转炉尾渣	转炉吹炼渣	Cu、S、Fe、SiO₂	送选矿厂再选,渣精矿返回生产工艺,渣尾矿堆存或作为炼铁原料外销
3	砷滤饼	废酸处理工段硫化滤饼	As、Cu、S、H₂O、H₂SO₄	先堆存在防水防渗的仓库,然后外售给有资质的单位处置
4	中和渣	废水处理沉淀渣	CaSO₄·2H₂O、H₂O、Cu(OH)₂、Fe(OH)₃、Zn(OH)₂、Ca₃(AsO₄)₂	先堆于渣场,然后外售给有资质的单位处置
5	石膏	废酸的中和产物	CaSO₄·2H₂O、H₂O、F	先堆于渣场,然后外售给有资质的单位处置
6	白烟尘	转炉收集尘	Cu、S、Pb、As、Zn	外售给有资质的单位处置

(2) 闪速熔炼+闪速吹炼工艺

B 铜业有限公司主要产品为电解铜和硫酸,并综合回收金、银等副产品。公司目前采用的是闪速熔炼工艺,经过"气流干燥—闪速熔炼—闪速吹炼—阳极精炼—电解精炼"生产阴极铜。其工艺流程如图 2-6 所示。

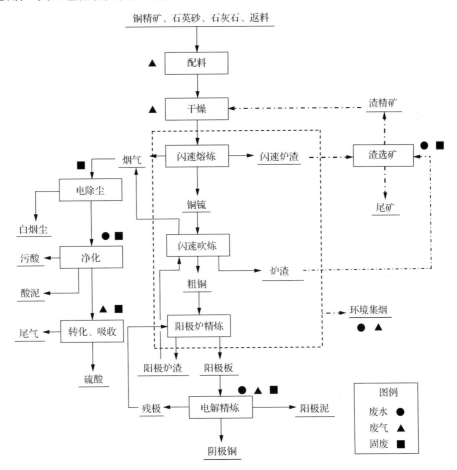

图 2-6 闪速熔炼+闪速吹炼工艺流程图

A. 工艺废气排污节点与污染防治措施

B 铜业有限公司生产过程中的废气排污节点主要有干燥烟气、阳极炉烟气、硫酸尾气、环境集烟烟气。

干燥烟气：该烟气主要污染物为烟尘、重金属；气流干燥系统产生的烟气，经沉尘室及布袋收尘处理后由高 100m、内径 3.2m 的排气筒排放，其烟尘成分与被干燥物质成分相似。闪速炉烟气经余热锅炉回收热能及电收尘器处理后送硫酸车间生产硫酸产品，其简要流程如下：

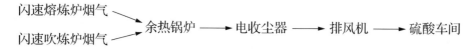

阳极炉烟气：阳极炉烟气通过引风机引入脱硫系统的喷淋洗涤塔，再次除尘和降温后进入 SO_2 吸附塔，经吸附液脱出其中的 SO_2 后经过纤维捕沫器处理，最终烟气通过一高 31m 的烟囱排入大气。

硫酸尾气：尾气经过处理后，最终经硫酸烟囱排放。

环境集烟烟气：主要污染物为 SO_2、烟尘和重金属；在闪速炉、转炉、铸渣机、沉渣机和阳极炉等系统的烟气泄漏点或散发点布置集烟罩，烟气经处理后通过高 100m、内径 3.2m 的环保烟囱排放。

B 铜业有限公司废气污染物达标排放情况见表 2-4。

表 2-4 废气污染物达标排放情况

类别	污染物	排放浓度/(mg/m³)	排放标准/(mg/m³)
环保烟囱	汞	0.0071	0.012
	砷及其化合物	0.22	0.4
	铅及其化合物	0.62	0.7
干燥烟气	汞	0.0063	0.012
	砷及其化合物	0.11	0.4
制酸尾气	汞	0.0008	0.012
	砷及其化合物	0.022	0.4

B. 废水排放节点与污染防治措施

B 铜业有限公司生产所排放废水有污酸、含重金属酸性废水。

污酸为制酸净化系统所排放，其中含有较高浓度的悬浮物和重金属离子。该废水在制酸车间投加硫化钠预沉处理后送废水处理站进一步处理。

含重金属酸性废水为冶炼厂各工序清洗废水、电解车间废水等各种废水汇集，主要污染物为悬浮物、重金属离子；该废水送厂工业废水处理站，采用石灰乳两级中和处理工艺处理后回用于渣缓冷场。

B 铜业有限公司废水污染物达标排放情况见表 2-5。

表 2-5　B 公司废水污染物达标排放情况

排放口	污染物名称	排放浓度/(mg/L)	排放标准/(mg/L)
车间排口	pH	8.42~8.59	6~9
	SS	10	70
	总汞	<0.00002	0.05
	总镉	<0.02	0.1
	总砷	0.016	0.5
	总铅	<0.2	0.5
	总铜	0.07	0.5
	总锌	0.02	1.5

C. 固体废物排放节点与污染防治措施

B 铜业有限公司在生产过程中产生的固体废物有水淬渣、转炉尾渣、硫化滤饼、中和渣、石膏和锅炉渣等，其中危险废物交危险废物处理中心处置，一般固体废物外售或回收利用。

B 铜业有限公司固体废弃物产生量及处置方法见表 2-6。

表 2-6　固体废弃物产生量及处置方法

序号	名称	来源	主要成分	处置方法
1	炉尾渣	转炉吹炼渣	Cu、S、Fe、SiO_2	送选矿厂再选，渣精矿返回生产工艺，渣尾矿外销
2	砷滤饼	废酸处理工段硫化滤饼	As、Cu、S、H_2O、H_2SO_4	委托有资质单位进行处置
3	中和渣	废水处理沉淀渣	$CaSO_4 \cdot 2H_2O$、H_2O、$Cu(OH)_2$、$Fe(OH)_2$、$Zn(OH)_2$、$Ca_3(AsO_4)_2$	委托有资质单位进行处置
4	石膏	废酸中和产物	$CaSO_4 \cdot 2H_2O$、H_2O、F	委托有资质单位进行处置

2. 熔池熔炼砷污染源调查及实测

(1) 顶吹熔炼+转炉吹炼工艺

C 冶炼厂是以生产电解铜为主、副产工业硫酸并回收金银等产品的综合性冶化企业。现有生产工艺是以铜精矿为原料，采用"奥斯麦特炉熔炼—PS 转炉吹炼—阳极炉精炼—小极板电解"生产阴极铜。其主要生产工艺流程及污染物排放节点如图 2-7 所示。

A. 废气排污节点与污染防治措施

生产过程的废气主要排放节点为熔炼烟气、吹炼烟气、制酸尾气、阳极炉烟气、环境集烟烟气(通过环境集烟罩收集各泄漏点烟气)以及备料系统的烟气等排放源。

熔炼、吹炼烟气：奥斯麦特炉熔炼烟气及转炉吹炼烟气首先进入余热锅炉，回收烟气中的热量并沉降部分粉尘，后续采用一台双室四电场 $60m^2$ 的电收尘器收尘，净化后的烟气进入制酸系统，制酸后的尾气通过高 120m、内径 4m 的尾气烟囱排放。

环境集烟：在沉淀炉、转炉加料口、渣口等处均设有集烟罩，烟气经处理后通过高 120m、内径 4m 的环保烟囱排放。

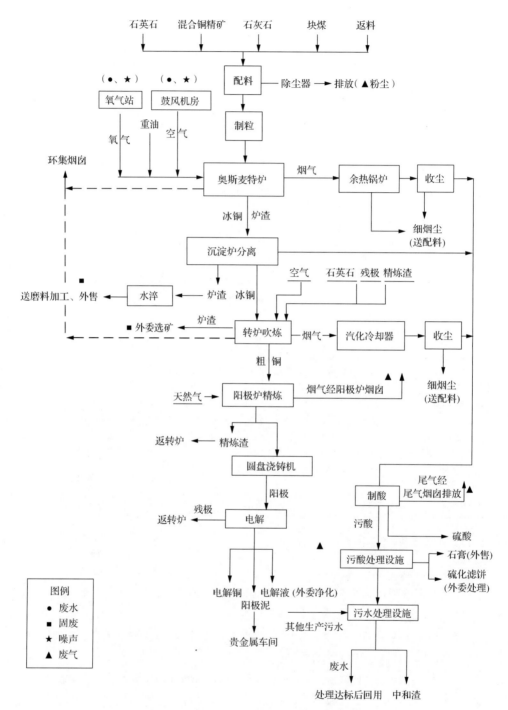

图 2-7 C 冶炼厂生产工艺流程及污染物排放节点

阳极炉烟气：阳极炉以天然气作为还原剂，阳极炉烟气经处理后通过高 50m、内径 0.6m 的排气筒排放。

备料收尘：在配料系统的落料点，皮带转运站等有粉尘产生的作业点，设计有通风除尘系统，并配备布袋除尘器，收下的粉尘返回生产系统，净化后的烟气通过高 22m、内径 0.4m 的排气筒排放。

C 冶炼厂生产废气排放情况见表 2-7。

表 2-7　C 冶炼厂废气主要污染物排放表

类别	污染物	排放浓度/(mg/m³)	排放标准/(mg/m³)
制酸老系统	二氧化硫	20	400
	砷及其化合物	0.124	0.4
	铅及其化合物	<0.01	0.7
制酸新系统	二氧化硫	57	400
	砷及其化合物	0.017	0.4
	铅及其化合物	0.017	0.7

B. 废水排放节点与污染防治措施

C 冶炼厂现有生产过程中排出的污水包括污酸污水、含重金属酸性工业废水、一般生产废水(表 2-8)。其中，污酸污水是指制酸车间硫酸净化排出的污酸，经车间污酸处理装置处理后与其他生产污水送至厂区污水站处理后回用或外排。含重金属酸性工业废水主要为各生产车间污水、电解冲洗水等，该废水呈酸性，主要污染物为悬浮物、重金属离子；该废水送厂工业废水处理站处理达标后放排(图 2-8)。

表 2-8　C 冶炼厂废水主要污染物排放表

排放口编号	污染物类别	污染物名称	监测值
污水站排放口	生产废水	流量	2000t/d
		总铅	0.146mg/L
		总砷	0.33mg/L
总排口	循环冷却水	流量	4000t/d
		pH	7.75mg/L
		COD	43.6mg/L
		氨氮	1.14mg/L
		总铜	0.052mg/L
		总铅	0.046mg/L
		总砷	0.035mg/L
		硫化物	0.88mg/L

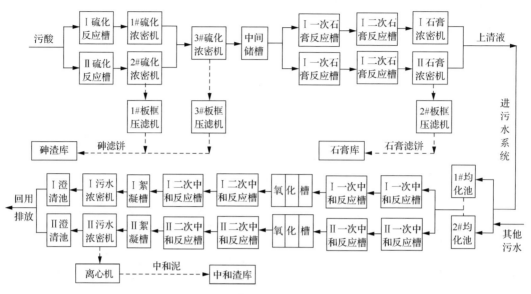

图 2-8 废水处理工艺流程图

C. 固体废物排放节点与污染防治措施

C 冶炼厂生产过程产生的固体废物主要有熔炼渣、石膏、中和渣、铅滤饼、硫化滤饼(砷滤饼)等，其固体废物产生及处理处置情况见表 2-9。

表 2-9 C 冶炼厂工业固体废物产生及处理处置情况一览表

固体废物名称	处理方式
熔炼渣	加工成造船除锈剂及作建筑材料
转炉渣	送集团公司下属的选矿厂精选回收铜料
硫化滤饼	委托有资质的单位处理
石膏	委托有资质的单位处理
中和渣	委托有资质的单位处理

(2) 顶吹熔炼+顶吹吹炼工艺

D 公司的主工艺为铜精矿配料—顶吹炉熔炼—顶吹炉吹炼—回转式阳极炉精炼—永久不锈钢阴极电解精炼—阴极铜；冶炼烟气经动力波稀酸洗涤净化、两转两吸制酸工艺生产硫酸。企业总工艺流程图如图 2-9 所示。

A. 废气的来源与治理措施

熔炼车间：阳极炉精炼烟气经余热回收后通过布袋收尘器收尘，然后进入循环喷淋脱硫塔，采用石灰石-石膏脱硫处理达标后经高 120m 烟囱排放。环境集烟废气共用 1 套布袋除尘器处理后，与阳极炉烟气合并进行脱硫，共用高 120m 烟囱排放；其他含尘废气分别收集经过布袋收尘器除尘后，通过各排气筒分别排放。

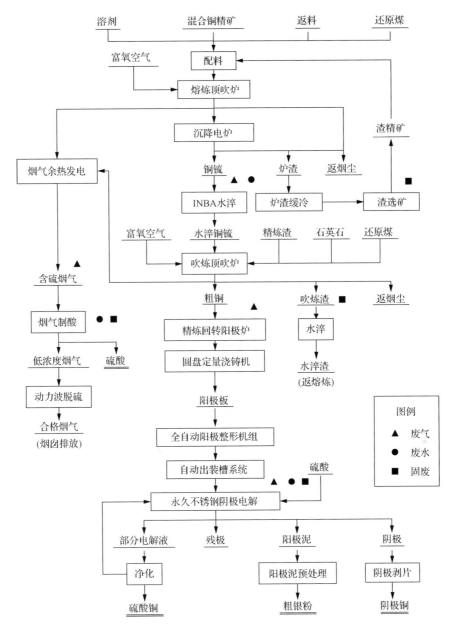

图 2-9　顶吹熔炼+顶吹吹炼生产工艺流程图

制酸车间：制酸废气经碱液喷淋洗涤后经高 90m 的排气筒排放。

电解车间废气：阳极泥焙烧烟气经净化塔净化后通过高 15m 的排气筒排放；电解废液循环储槽废气经净化塔净化后通过高 15m 的排气筒排放；电解循环液储槽废气经净化塔净化后通过高 15m 的排气筒排放。废气排放情况见表 2-10。

表 2-10　企业有组织废气污染物排放情况

产生废气设施或工序	污染物	执行标准及级别	浓度/(mg/m³)	
			监测值	标准值
阳极炉和环境集烟1烟气脱硫塔出口	二氧化硫		72	400
	颗粒物		2.92	80
	氟化物		<0.06	3.0
	砷及其化合物		0.066	0.4
	汞及其化合物		<0.0025	0.012
	铅及其化合物		0.0096	0.7
环境集烟烟气2脱硫塔出口	二氧化硫	《铜、镍、钴工业污染物排放标准》(GB25467—2010)表5《恶臭污染物排放标准》(GB14554—93)表2	135	400
	颗粒物		2.41	80
	氟化物		<0.06	3.0
	砷及其化合物		0.013	0.4
	汞及其化合物		<0.0025	0.012
	铅及其化合物		0.016	0.7
	铅及其化合物		0.02	0.7
	汞及其化合物		<0.0025	0.012
	铅及其化合物		0.016	0.7
制酸尾气碱液洗涤脱硫塔出口	二氧化硫		46	400
	颗粒物		20.8	80
	硫酸雾		11.9	40
	氟化物		0.091	3.0
	砷及其化合物		0.067	0.4
	汞及其化合物		<0.0025	0.012
	铅及其化合物		0.075	0.7

B. 废水的来源和污染治理措施

公司的主要废水包括污酸、生产废水和生活污水。

污酸来源于制酸车间净化工段烟气的洗涤过程，进入污酸废水处理站采用硫化法脱砷处理，设计处理规模 352m³/d。首先经脱吸后送往原液槽，由原液槽用泵打入硫化反应槽，并加入 Na_2S 溶液搅拌充分反应，反应后液流入硫化浓密机进行沉降分离，浓密机中的上清液流入硫化滤液槽，并用泵送至厂废水处理站。

生产废水：经污酸废水处理站处理后的水、电解车间生产过程中产生的地面冲洗水、环保脱硫生产过程中产生的滤液及其他含酸碱性污水(化验室、阳极泥车间焙烧烟气洗涤、电解净液酸雾洗涤)均进入废水处理站处理。采用石灰-铁盐两段中和法工艺，设计处理规模 900m³/d。经过两段投加石灰乳和硫酸亚铁处理后，再絮凝沉淀，净化水进入深度处理站处理。

全厂废水最终全部进入厂废水处理站和深度处理站进行处理，净化水全部回用至生产流程中，不外排。生活污水处理后全部用于绿化灌溉。

废水排放监测结果见表 2-11。

表 2-11　企业废水污染物排放情况

污染源	执行标准及级别	污染物	浓度/(mg/L)	
			监测值	标准值
深度处理站出口	《铜、镍、钴工业污染物排放标准》(GB25467—2010)表2：标准限值和生产车间或设施废水排放口标准限值	pH	7.40	6~9
		悬浮物	<4	30
		COD	<10	60
		氟化物	1.35	5
		总氮	2.45	15
		总磷	0.018	1
		氨氮	0.18	8
		锌	0.05	1.5
		石油类	<0.01	3
		铜	<0.009	0.5
		硫化物	<0.02	1.0
		铅	<0.02	0.5
		镉	<0.004	0.1
		镍	<0.006	0.5
		钴	<0.0025	1.0
		铋	<0.09	—
		锑	<0.06	—
		砷	<0.0075	0.5
		汞	<0.015	0.05

C. 固体废物的来源和污染治理措施

公司生产过程中产生的工业固体废物主要包括水淬渣、硫酸钙渣等。

水淬渣在烟化炉工序产生，由于在熔炼过程中形成了玻璃体，渣中的有害元素得到了固化，因而水淬渣为一般工业固体废物。产生水淬渣后，厂内不暂存，直接装车，送一般工业固体废物填埋场堆存。

硫酸钙渣主要是污酸污水处理时产生的渣，经沉淀浓缩，再用板框压滤机压滤脱水后，直接装入专用车辆，送至公司厂内的危险废物填埋场——专用"危险废物"渣场堆存。

(3)底吹熔炼-转炉吹炼工艺

E 公司工艺流程主要包括备料及配料、熔炼、渣选矿和制酸等工段。采用国内先进的富氧底吹熔池熔炼工艺。底吹熔炼及转炉吹炼工艺流程如图 2-10、图 2-11 所示。

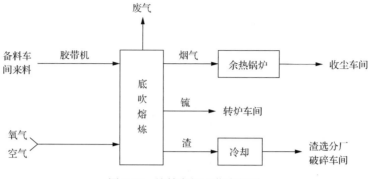

图 2-10 熔炼车间工艺流程图

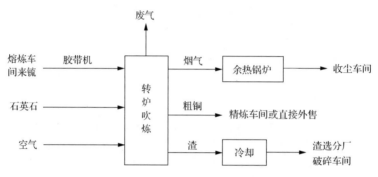

图 2-11 转炉车间工艺流程图

A. 废气

现有工程废气污染源有环保烟囱排放烟气、制酸尾气，精矿仓、配料厂房、转炉加料口、炉渣选矿细碎厂房、炉渣选矿粗碎厂房等粉尘产生点。

环保烟囱排放烟气：环保排烟是为了维护作业场所环境质量和减少低空面源污染而设置的通风排烟系统，在底吹炉、转炉、阳极炉加料口、出渣口等排烟点设置环保烟罩和吸风点，将散发的少量烟气及时收集到环保排烟系统中，阳极炉产生的烟气也送到环保烟囱，上述烟气收集后经 4000m² 布袋收尘，再经高 120m 的环保烟囱排放。根据现有工程验收监测报告，环保烟囱烟气排放量为 97063Nm³/h，SO_2 排放浓度为 266.2mg/Nm³、排放速率为 25.8kg/h，烟尘排放浓度为 63.4mg/Nm³、排放速率为 6.15kg/h。

经收尘器净化处理后的底吹炉和转炉烟气进入稀酸洗涤净化、两转两吸制酸系统生产硫酸。根据现有工程验收监测报告，制酸尾气排放量为 115508m³/h，经高 70m 的烟囱排放。

公司为减少 SO_2 的排放量，采用钠碱法对制酸尾气进行治理，脱硫效率可达 60%以上。根据现有工程验收监测报告经钠碱法治理后 SO_2 排放浓度可达 264mg/m³、排放速率为 30.5kg/h。

精矿仓、配料厂房、转炉加料口、炉渣选矿细碎厂房、炉渣选矿粗碎厂房等产尘点均安装除尘系统，选用气箱脉冲袋式除尘器，除尘效率在 99.5%以上。经各自的除尘设备处理，根据现有工程验收监测报告，粉尘排放浓度为 20～35mg/Nm³，上述各粉尘排放点均可实现达标排放，治理措施和达标排放情况见表 2-12 和表 2-13。

表 2-12　废气排放源(点源)污染物排放情况表

序号	废气排放源	烟气量/(Nm³/h)	污染物	排放情况/(mg/Nm³)	排放标准/(mg/Nm³)	排放方式
1	环保烟囱	97063	SO₂	266.2	400	120m 高烟囱
			烟尘	63.4	80	
2	脱硫后制酸尾气	115508	SO₂	264	400	70m 高烟囱

注：经钠碱法脱硫后制酸尾气排放情况。

表 2-13　粉尘污染物排放情况

序号	面源名称	废气量/(Nm³/h)	污染物排放情况/(mg/Nm³)	排放标准/(mg/Nm³)	排放方式
1	精矿仓	5725	20	80	15m 高排气筒
2	配料厂房	1537	26	80	15m 高排气筒
3	转炉加料口	2361	35	80	15m 高排气筒
4	炉渣选矿粗碎厂房	11223	22	80	15m 高排气筒
5	炉渣选矿细碎厂房	14298	23	80	15m 高排气筒

硫化反应槽及硫化浓密机处所产生的少量 H₂S 气体经 H₂S 吸收塔初步用原液吸收后再用风机送往除害塔，用氢氧化钠碱液喷淋进一步吸收后排放，排放浓度为 10mg/Nm³、排放速率为 0.57kg/h。

B. 废水

生产废水主要来源于硫酸车间的污酸、硫酸车间冲洗水和电除雾冲洗水，生产废水量为 220m³/d。

生活污水：现有生活及化验废水量 88m³/d，主要含有 COD、BOD、氨氮、悬浮物等，来源于厂区内的卫生间、浴室、食堂及实验室等设施。

循环冷却系统排污水：现有工程外排循环水、冷却水和排污水 750m³/d，经厂区内专用管道排至园区的市政管网。

废水处理措施和预期效果:

生产废水处理措施：生产废水主要来源于硫酸车间污酸、硫酸车间地面冲洗水和电除雾冲洗水，共计 220m³/d，均送硫酸车间污酸污水处理工段进行处理后回用于配料厂房和渣缓冷，不外排。

生活污水：生活及化验废水产生量为 88m³/d，该部分废水仅经隔油、化粪池简单处理后回用于浇铸机循环补充水。

污酸处理工艺采用二段处理法。一段采用硫化法，去除砷，二段采用石灰石中和法，将污酸 pH 中和至 2～3，再进行污水处理。

I 一段硫化：由硫酸车间净化工序排出的废酸进入硫化反应槽，在硫化反应槽内投加硫化钠溶液，废酸中的铜、砷等在硫化反应槽内与硫化钠发生反应，反应后的溶液自流进入浓密机进行沉降分离，浓密机上清液溢流进入下一段处理，底流进硫化段压滤机，经压滤后的滤液进下一段处理，滤饼(含砷废渣)外售给有资质单位综合利用。

为了保持现场环境，硫化反应槽及硫化浓密机处所产生的少量硫化氢气体经硫化氢吸收塔初步吸收后再用风机送往除害塔，用氢氧化钠碱液喷淋进一步吸收后排放。

为了提高浆液的沉降速度，在硫化氢反应槽内投加聚丙烯酰胺(3#絮凝剂)，从而使压滤机效率得到明显的提高，滤饼含水率也得到降低。

II 二段中和：由上一段处理来的废酸进入污酸贮槽收集，用泵输送入中和槽，在中和槽内投加石灰石浆液，进行中和处理，处理至 pH 为 2～3，反应后的溶液自流进入浓密机进行沉降分离，浓密机上清液溢流进入下一级污水处理，底流进离心机处理，离心后的滤液和下一级污水处理压滤机滤后液一起进行收集，收集后用泵输送至污水处理工段。

污水处理工艺采用二段石灰-铁盐法。用石灰乳中和酸，pH 中和至 7～9，投入絮凝剂沉淀除去悬浮物及其他杂质。污水处理的具体工艺为：酸性污水调节池中的酸性污水用污水提升泵送至一级中和槽，在槽内加石灰乳进一步中和，控制 pH 在 7 左右，并在槽内加硫酸亚铁后，自流入氧化槽，氧化槽内加压缩空气，使二价铁氧化成三价铁，三价砷氧化成五价砷，再自流至二级中和槽，在槽内加石灰乳中和控制 pH 在 9 左右，加入适量絮凝剂，加速沉淀。液体溢流入浓密机，底流一部分用污泥泵送至压滤机，经压滤机脱水后，产出的中和渣返回工艺配料工段；滤液和离心机滤液一起收集进入中间水槽，返回上一级处理。另一部分作为回流污泥用泵送至石灰石高位槽，与石灰石液混合后自流至上级污酸段中和槽作为"晶种"。浓密机出水自流进回水池，处理站出水用回水泵送至污水处理站回水箱和厂区回水管网，回用于配料厂房和渣缓冷工段。

为确保污水外排达标，当出水水质不达标时，将一级、二级中和槽及氧化槽的处理液通过排污阀返回污酸浓密机，经沉降后上清液重新进行污水处理。

处理效果见表 2-14，生产废水经污酸污水处理站处理后，各监测因子均可以满足《山东半岛流域水污染物综合排放标准》(DB37/676—2007)表 1 中一级标准，全部在厂内循环利用。

表 2-14 污酸污水处理效果情况一览表 （单位：mg/L）

点位		取样时间	pH	SS	Cu	Pb	Cd	As
生产废水	进口	上午	—	19	708	5.31	57	2740
		下午	—	18	721	5.43	59	2710
		均值		18.5	714.5	5.37	58	2725
	出口	上午	8.01	14	未检出	未检出	未检出	0.14
		下午	8.04	14	未检出	未检出	未检出	0.13
		均值	8.03	14	未检出	未检出	未检出	0.135
标准*			6～9	50	0.5	0.5	0.05	0.2

* 《山东半岛流域水污染物综合排放标准》(DB37/676—2007)表 1 中一级标准。

C. 固体废物

生产过程产生的固体废物主要有底吹炉及吹炼炉炉渣经选矿后产生的尾矿，废水处理产生的硫化砷渣、石膏渣和中和砷等，各类固体废物的来源、成分、成分以及处理处置方式详见表2-15。

表 2-15　固体废物来源、成分及处置方式一览表

编号	名称	来源	成分	处理措施
1	尾矿渣	底吹炉及转炉渣经选矿后的尾矿	$2FeO \cdot SiO_2$	外销水泥厂
2	中和渣	污水处理	$CaSO_4 \cdot 2H_2O$、H_2O、$Cu(OH)_2$、$Fe(OH)_2$、$Zn(OH)_2$、$Ca_3(AsO_4)_2$	返回熔炼系统
3	石膏渣	污酸工段	$CaSO_4 \cdot 2H_2O$	外售有资质的单位
4	硫化砷渣	污酸工段	以 As_2S_3 为主	外售有资质单位综合利用
5	催化剂	来自制酸系统	主要成分为 V_2O_5	外售有资质的单位
6	转炉烟尘	转炉电收尘	含 Pb、Cu、Zn、Cd 等	外售有资质单位综合利用

(4)侧吹熔炼+转炉吹炼工艺

F 公司现已形成集熔炼、制酸、铜电解为一体的综合性企业。以铜精矿为原料，粗铜冶炼工艺流程为铜精矿配料—双侧吹熔池熔炼炉熔炼—PS 转炉吹炼，火法精炼采用固定式阳极炉精炼工艺；以废杂铜为原料采用固定式阳极炉冶炼工艺；电解采用常规电解法精炼；冶炼烟气采用"两转两吸"制酸工艺；主要生产系统包括精矿储存及配料系统、熔炼系统、转炉吹炼系统、阳极炉精炼系统、杂铜冶炼系统及电解精炼系统等。冶炼生产工艺流程及排污节点如图 2-12 所示。

A. 原料制备和储存

铜精矿(自有铜精矿、当地采购铜精矿、进口铜精矿)、石英石、石灰石、块煤等原辅材料分别通过汽车运进厂内。

铜精矿(自有铜精矿、当地采购铜精矿、进口铜精矿)、块煤分别存入精矿库内各自料仓中；石英石、石灰石、工艺返料在破碎间破碎至粒径 30mm 以下，分别储存于精矿库内各自料仓中。

精矿库规格为 228m×33m，铜精矿储存 30 天用量，辅助原料、燃料可储存 20 天用量；库内设有 3 台能力为 10t 的抓斗桥式起重机，用以卸车和转送铜精矿与熔剂。

精矿制备和储存工序主要污染物为原辅材料破碎过程中产生的粉尘。

B. 配料

用抓斗将铜精矿(自有铜精矿、当地采购铜精矿、进口铜精矿)、块煤、石英石、工艺返料等分别抓至相应的配料斗，通过配料斗下面的皮带秤计量后，通过输送带输送至熔炼炉下料口。

配料过程中的污染物主要为配料仓落料口、物料输送过程中产生的粉尘。

C. 双侧吹熔池熔炼炉熔炼

物料经炉顶加料口连续进入炉内后直接落入熔池，与从炉子的侧部鼓入的富氧空气进行化学反应，使其完成加热、熔化、氧化、造冰铜和造渣等熔炼过程。正常生产中维

持熔池温度所需热量靠炉料熔炼反应热、炉料中配入的燃煤燃烧热提供，熔池温度约为1200℃，冰铜品位则通过料氧比控制来稳定。

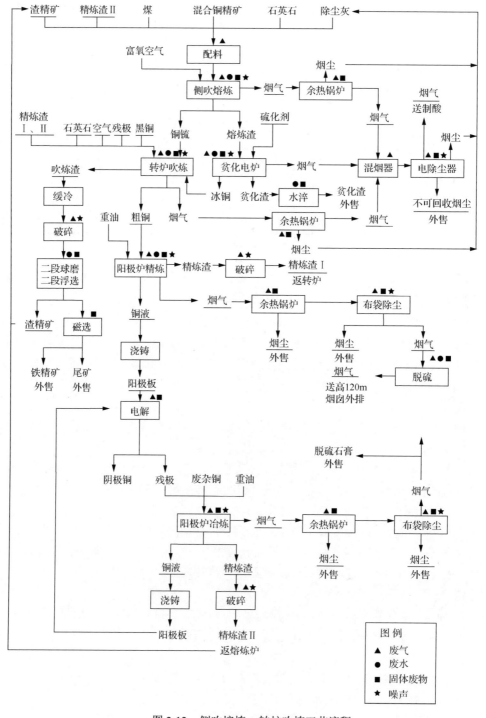

图 2-12　侧吹熔炼＋转炉吹炼工艺流程

熔炼原料为铜精矿、石英石、煤、除尘灰等，熔炼产物有冰铜、熔炼渣和烟气。

熔炼渣漂浮在冰铜上面不断从熔炼炉出渣口流出进入贫化炉；冰铜送往转炉吹炼；熔炼烟气(温度 1050℃，含尘 38.99g/Nm³)经余热锅炉、四电场电除尘器处理后送制酸。除尘系统收集的除尘灰大部分返回精矿仓配料，其余部分作为不可回收烟尘外售。

D. 熔炼渣电炉贫化

从熔炼炉流出的熔渣连续的进入贫化电炉，同时在贫化电炉中加入还原剂(硫铁矿)，在还原剂的作用下，将熔炼渣中以 Cu_xO 形式存在的低品位的铜转化成为 CuS，使熔炼渣中的铜得以回收。

电炉贫化的产物主要为冰铜、电炉贫化渣和电炉烟气。电炉贫化渣经出渣口连续流出贫化炉，经水淬后外售；冰铜经出铜口定期放出，冷却后送转炉做冷料吹炼；电炉烟气汇入熔炼、吹炼混烟器混合后进电除尘器除尘后进制酸系统。

E. 转炉吹炼

冰铜吹炼的目的是把冰铜(主要组分为 Cu_2S 和 FeS)中的硫和铁氧化除去而得到粗铜，金、银等贵金属元素熔于铜中。冰铜的吹炼过程是周期性进行的，是倒入冰铜(停风)、吹炼(送风)和倒出吹炼产物(停风)三个操作过程的循环。整个作业分为造渣期和造铜期两个阶段。在造渣期，从风口向炉内熔体中鼓入空气，在气流的强烈搅拌下，冰铜中 FeS 被氧化生成 FeO 和 SO_2 气体，FeO 再与添加的熔剂中的 SiO_2 进行造渣反应。由于冰铜与炉渣相互溶解度很小，而且密度不同，停止送风时熔体分成两层，上层为炉渣定期排出，下层的锍被称为白锍(主要以 Cu_2S 的形式存在)，继续对白锍进行吹炼，进入造铜期。在造铜期，留在炉内的白锍与鼓入的空气中的氧反应，生成粗铜和 SO_2。在转炉吹炼过程中，发生的反应几乎全是放热反应，放出的热量足以维持 1200℃下的高温自热熔炼。

吹炼的原料有熔炼炉生产的冰铜、精炼渣、石英石、电解残极、贫化电炉冰铜和电解净液过程产生的黑铜等，吹炼产物有粗铜、吹炼渣和转炉烟气。粗铜经包子吊运至阳极炉进行火法精炼；吹炼渣定期从炉内倒入铸渣机铸锭，缓冷后进行渣选矿；转炉烟气经余热锅炉回收余热后，通过热引风机送电除尘器除尘，除尘后烟气送制酸系统。转炉除尘灰绝大部分返回精矿库配料，其余部分作为不可回收烟尘外售。

F. 转炉渣处理

拟采用浮选工艺回收吹炼渣中的有价金属，具体工艺流程为：颚式加惯性圆锥两段开路碎矿、两段闭路球磨机磨矿、两级浮选铜、一级磁选铁、一级沉降、一级过滤。

转炉渣从转炉直接倒入铸渣机铸渣缓冷，用破碎锤破碎至粒径 300mm 以下，用颚式破碎机、惯性圆锥破碎机两级碎矿。破碎后的转炉渣利用皮带输送机输送至磨矿料仓，再通过料仓底部的皮带秤输送机，定量输送到一段球磨机，一段球磨后的合格矿浆自流入一段浮选槽进行浮选，不合格的再经旋流器分离，返回球磨机始端再磨；一段浮选后的矿浆再用泵打到二段球磨，磨合格的矿浆流入二段浮选槽，进行二次浮选；浮选出的含铜的矿浆进入铜精矿沉降池，沉降后再经过滤机过滤，过滤到含水 8%以下之后用皮带输送机送至精矿仓；浮选后的矿浆经磁选即选出部分磁铁之后，进入尾矿沉降池，沉降后过滤至含水 10%后，用皮带输送机输送至尾矿渣临时堆场暂存，定期外售；磁选出的铁精粉经过滤机过滤后输送至铁精矿仓存放。

G. 火法精炼

火法精炼选用设备为两台 120t 固定式阳极炉，一用一备，粗铜精炼生产周期 360min，单炉处理量 118t。

转炉生产的粗铜通过粗铜包和吊车加入阳极炉，依次进行氧化期、还原期和保温期等作业周期，完成精炼。阳极炉以燃料油为燃料，在氧化期鼓入压缩空气，将铜液中残留的硫和各种杂质元素氧化后脱去；在还原期鼓入粉煤，将被过量空气氧化的少量铜还原。

精炼得到的铜液（含铜 99.5%）经浇铸机铸出的合格阳极板，用叉车运往电解车间，不合格阳极板送往阳极炉熔化后再浇铸；精炼渣经破碎后送转炉；精炼烟气经布袋除尘器、脱硫系统处理后送高 120m 烟囱外排。

H. 电解精炼

采用常规始极片法电解工艺。

阳极炉产出的合格阳极板经阳极整形排板机组矫耳、铣耳、压平、排板后由吊车整槽吊至酸洗槽内，清除阳极表面氧化铜等杂质，然后再吊至种板槽内作为阳极，种板槽阴极为钛板。

种板电解电流密度 240A/m^2，阴极周期 22h，阳极周期 10 天。一个阴极周期后，将阴极吊出人工剥离出铜片，剥离下的铜片小部分送吊耳切割机加工成吊耳，大部分送始极片加工机组经压纹、穿棒、钉耳制成始极片，并按极距 90mm 均匀排列后待用。经过一个阳极周期，阳极吊至生产槽中继续使用。

阳极板和始极片分别吊入生产槽中，电流密度为 240A/m^2；阴极周期 7 天，阳极周期 21 天。经过一个阴极周期，阴极由吊车运至电铜洗涤机组上洗涤、抽棒、堆垛、称量、打包后送电铜堆场；经过一个阳极周期，残阳极由吊车运至残极机组进行洗涤、称量、堆垛后送转炉精炼。

电解液由循环槽经液下循环泵泵至板式换热器加热后进入高位槽。电解液由高位槽经分液包自流至各个电解槽。电解槽供液采用槽底中央给液方式，由槽面两端溢流出的电解液汇总后返回循环槽。为保证始极片的质量，种板循环系统与生产循环系统分开，种板系统循环液全部经过滤后返回种板循环槽。生产循环系统每天抽取部分电解液经压滤机过滤后，返回生产循环系统。出装槽时，上清液流入上清液贮槽，全部经压滤机过滤后返回循环系统；排出的阳极泥浆经浆化、洗涤、压滤脱水后装袋外售。

I. 大气污染源

制酸尾气：熔炼炉烟气、转炉烟气经余热锅炉、混烟器、电除尘器处理后送制酸；贫化炉烟气、熔炼炉环境集烟经混烟器混合、电除尘器除尘后送制酸；制酸烟气经净化、干吸、转化工序制酸。制酸尾气 SO$_2$ 产生浓度为 865mg/Nm^3，制酸尾气经石灰石-石膏法进行脱硫处理，最终脱硫尾气通过 90m 高硫酸烟囱排放。制酸尾气脱硫效率在 90% 以上，脱硫处理后尾气排放量为 142067Nm^3/h，SO$_2$ 排放浓度为 86.5mg/Nm^3、排放速率为 12.29kg/h。

冶炼烟气：转炉外设环保烟罩，将各炉加料口、出料口、排渣口等处逸散的烟气收集，收集的烟气经环保烟罩收集、布袋除尘器处理后通过高 120m 吹炼环保烟囱外排。除尘系统处理风量为 150000m^3/h，除尘效率为 99%，外排烟气中 SO$_2$、烟尘和烟尘中的铅的排放浓度分别为 155.6mg/Nm³、20mg/Nm³ 和 0.38mg/Nm³，排放速率分别为 23.34kg/h、3kg/h 和 0.057kg/h。

粗铜火法精炼使用两台 120t 阳极炉(1 用 1 备)，杂铜冶炼使用 5 台 150t 阳极炉。阳极炉炉膛烟气经余热锅炉回收余热、布袋除尘器除尘、石灰石-石膏法脱硫装置处理后外排；阳极炉环境集烟系统收集阳极炉加料口、扒渣口和铜排出口等处逸散的烟气，收集的烟气经布袋除尘器处理后外排。

所有的阳极炉炉膛烟气收集后烟气量为 122500m³/h，炉膛烟气除尘效率可达 99%，脱硫效率可达 90%，经处理后外排废气中 SO_2、烟尘、烟尘中的铅尘排放浓度分别为 45.4mg/Nm³、13.48mg/Nm³ 和 0.256mg/Nm³，排放速率分别为 5.56kg/h、1.65kg/h 和 0.031kg/h。

所有的阳极炉环境集烟收集后烟气量为 350000m³/h，布袋除尘器收尘效率为 99%，则外排烟气中 SO_2、烟尘、烟尘中的铅尘浓度分别为 83mg/Nm³、16mg/Nm³ 和 0.304mg/Nm³，排放速率分别为 29.05kg/h、5.6kg/h 和 0.106kg/h。

配料车间密闭，料仓出料口主要落料点设集气罩，收集的废气通过布袋除尘器处理，除尘系统废气处理量为 16000m³/h，除尘效率为 99.0%，外排废气中粉尘、铅尘排放浓度分别为 30mg/Nm³、0.45mg/Nm³，排放速率分别为 0.48kg/h、0.0072kg/h。

转炉环境集烟、阳极炉炉膛烟气及环境集烟、配料车间废气集中通过高 120m 烟囱排放，排放烟气量为 638500m³/h，外排烟气中 SO_2、烟(粉)尘和烟(粉)尘中的铅排放浓度分别为 90.76mg/Nm³、16.84mg/Nm³ 和 0.32mg/Nm³，排放速率分别为 57.59kg/h、10.76kg/h 和 0.204kg/h。

熔炼车间物料输送粉尘：熔炼车间物料输送胶带落料点等处设集气罩，废气通过布袋除尘器处理后通过高 15m 排气筒外排。除尘系统废气处理量 4000m³/h，除尘效率为 99.0%，外排废气中粉尘、铅尘排放浓度分别为 30mg/Nm³、0.45mg/Nm³，排放速率分别为 0.12kg/h、0.0018kg/h。

破碎车间废气：技改项目的返料破碎和选矿车间原料破碎放在一起，共建一个密闭的破碎车间。破碎机上料口、出料口、给料机落料点设集气罩，收集的废气通过布袋除尘器处理后通过 15m 排气筒外排。除尘系统废气处理量 10000m³/h，集气罩集气效率为 98%，除尘系统除尘效率为 99.0%，外排废气中粉尘、铅尘排放浓度分别为 30mg/Nm³、0.1mg/Nm³，排放速率分别为 0.3kg/h、0.001kg/h。

电解净液车间废气：电解净液车间的吊铜槽、浓缩槽等产生的硫酸雾分别通过两套酸雾净化处理系统进行处理，每套酸雾净化系统采用二级吸收净化处理工艺，先经第一级玻璃钢酸雾净化塔冷凝回收酸雾成酸水返回电解系统，再经过第二级玻璃钢酸雾净化塔用 6% 的 NaOH 碱液喷淋洗涤中和，废气通过高 15m 排气筒外排。每套净化系统的废气排放量为 48000m³/h，净化效率为 90%～95%。外排废气中硫酸雾浓度小于 10mg/m³，两套系统总排放速率小于 0.96kg/h。

锅炉烟气：为解决检修时段的用热需求，技改项目建 1 座工业锅炉房，内设 1 台 10t/h 的燃油锅炉，年运行 20 天左右。锅炉柴油消耗量 380t/a，柴油含硫量为 0.22%，烟气通过高 40m 排气筒外排。

锅炉烟气产生量 14000Nm³/h，SO_2 排放浓度为 250.1mg/Nm³。

拟建工程大气污染源排放情况见表 2-16。

表 2-16 拟建工程大气污染源排放汇总

| 序号 | 污染源名称 | 治理措施 | 处理效率/% | 污染物名称 | 污染物排放情况 | | | 排放标准 |
					排放量/(t/a)	浓度/(mg/m³)	速率/(kg/h)	浓度/(mg/m³)
1	制酸尾气	石灰石-石膏法脱硫	90	SO₂	97.34	86.5	12.29	400
2	转炉环境集烟	布袋除尘器	—	SO₂	175.61	155.6	23.34	400
			99	烟尘	22.57	20	3	80
				铅尘	0.43	0.38	0.057	0.7
3	阳极炉炉膛烟气	布袋除尘+脱硫	90	SO₂	41.83	45.4	5.56	400
			99	烟尘	12.42	13.48	1.65	80
				铅尘	0.24	0.256	0.031	0.7
4	阳极炉环境集烟	布袋除尘	—	SO₂	218.57	83	29.05	400
			99	烟尘	42.13	16	5.6	80
				铅尘	0.80	0.304	0.106	0.7
5	配料仓废气	布袋除尘器	99	粉尘	3.80	30	0.48	80
				铅尘	0.057	0.45	0.0072	0.7
6	熔炼车间物料输送粉尘	布袋除尘器	99	粉尘	0.95	30	0.12	80
				铅尘	0.014	0.45	0.0018	0.7
7	破碎车间	布袋除尘器	99	粉尘	2.38	30	0.3	80
				铅尘	0.0079	0.10	0.001	0.7
8	电解车间废气	酸雾净化塔	90	硫酸雾	8.06	10	0.96	40

J. 废水污染源

废水产生总量 3552.5t/d。其中冷却循环水系统排污水产生量 2767.5t/d，这类水主要为含盐、含热废水，属于较清洁废水，其中 2199t/d 回用于生产工艺，568.5t/d 清下水外排；生活污水 180t/d 经化粪池处理后排往污水管网，进而排入城市污水处理厂；制酸系统的酸性废水产生总量 240t/d，废水主要含有 H_2SO_4、Pb、Zn、As 和 Cu 等污染物，全部进入污酸处理站处理后回用；硫酸车间地面冲洗水、吹炼渣浮选、渣缓冷循环排污水、酸雾净化塔排污水、中心化验室排水、化学水处理站废水、阳极浇铸循环排污水等废水产生量 365m³/d，经污水处理总站处理后全部回用做熔炼渣水淬补充水；电解、制酸、冶炼等主要生产区收集初期雨水产生量 3300m³/次，经污水处理总站处理后，替代熔炼渣水淬用水、阳极铜浇铸机冷却水、吹炼渣浮选及渣缓冷(其中普通水 58.2m³/d)、硫酸净化系统封闭稀酸洗水(其中普通水 34.8m³/d)、电解残片冲洗与地面冲洗水等部分新水与二次利用水，全部回用。

污酸处理：采用硫化、铁盐-石灰处理工艺，用硫化钠与废酸中的砷、铜等重金属离子反应，生成难溶的硫化铜、硫化砷沉淀，经浓密机、压滤机进行固液分离，分离出砷渣，上清液经石灰-硫酸亚铁工艺进一步中和处理，分离出中和渣。污酸处理站分污酸处理、酸性废水处理二个工段。

来自硫酸净化工序的废酸经脱吸后送往原液贮槽，由原液贮槽用泵打入一级反应槽，在硫化氢反应槽中加入 Na_2S 溶液在搅拌的情况下进行充分反应，反应后液流入硫化浓密机进行沉降分离，浓密机中的上清液流入一级沉淀槽进行固液分离；送入二级反应槽，同时加入 Na_2S 溶液进行二次反应，二次反应槽出液进入二级沉淀槽进行固液分离，二次沉淀槽上清液泵至一级中和槽，在一级中和槽中加入 $FeSO_4$ 和石灰乳进行中和处理，生成砷酸盐等难溶络合物；处理后液在氧化槽中通入空气，使 Fe^{2+} 氧化成 Fe^{3+}，在二级中和槽中加入 NaOH、PAM，生成石膏，经沉淀池沉淀分离后，上清液返回脱硫系统和熔炼冲渣循环池回用。

一级、二级沉淀槽的沉渣经板框压滤机压滤成滤饼在砷渣临时堆场暂存外售，经沉淀池沉淀的中和渣脱水后回用于熔炼系统造渣。污水处理站出水全部回用生产。

一级反应槽、浓密槽、二级反应槽逸出的 H_2S 气体送除害塔用 NaOH 吸收后外排；

污水处理总站:厂内废水和初期雨水一起在调节池中混合，混合后泵至一级中和槽，在中和槽中加入 $FeSO_4$ 和石灰乳进行中和处理，生成砷酸盐等难溶络合物；处理后液在氧化槽中通入空气，使 Fe^{2+} 氧化成 Fe^{3+}，在二级槽中加入 NaOH、PAM，生成石膏，经沉淀池沉淀分离后，上清液返回熔炼冲渣循环水池回用，沉渣经板框压滤机压滤成滤饼外售，滤液返回调节池回用工艺流程如图 2-13 所示，监测结果见表 2-17。

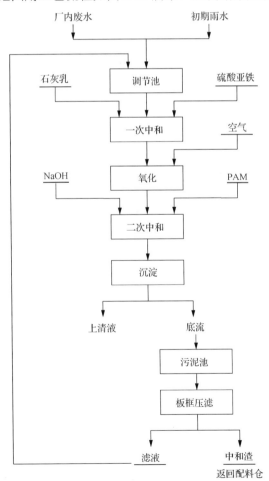

图 2-13　污水处理总站处理工艺流程

表 2-17　监测情况　　　　　　　（单位：mg/L，pH 除外）

点位	序号	编号	pH	COD	SS	氟化物	总氮	总磷	氨氮	总锌	石油类	总铜	硫化物	总砷	总铅	总镉
污水处理总站出口	1	监废水4-1	8.61	28.9	<4	0.75	3.19	0.036	0.394	0.15	<0.04	<0.1	<0.005	0.007	0.07	<0.03
		监废水4-2	8.67	16.5	<4	0.69	3.19	0.034	0.576	0.14	<0.04	<0.1	<0.005	0.008	0.09	<0.03
		监废水4-3	8.59	26.8	<4	0.69	3.37	0.046	0.579	0.07	<0.04	<0.1	<0.005	0.008	0.06	<0.03
		平均值	—	46.3	<4	0.71	3.34	0.037	0.523	0.13	<0.04	<0.1	<0.005	0.0076	0.07	<0.03
	2	废水4-4	8.52	20.6	<4	0.66	3.46	0.031	0.529	0.07	<0.04	<0.1	<0.005	0.005	0.06	<0.03
		废水4-5	8.62	5.0	<4	0.61	3.06	0.032	0.520	0.08	<0.04	<0.1	<0.005	0.0056	0.06	<0.03
		废水4-6	8.60	6.0	<4	0.61	2.82	0.032	0.403	0.08	<0.04	<0.1	<0.005	0.0054	0.08	<0.03
		平均值	—	48.7	<4	0.64	3.10	0.034	0.513	0.08	<0.04	<0.1	<0.005	0.0052	0.07	<0.03
标准限值			6-9	60	30	5	15	1.0	8	1.5	3	0.5	1.0	0.5	0.5	0.1

K. 固体废物

产生的固体废物主要包括熔炼炉渣、除尘灰、精炼渣、尾矿、铁精矿、铜精矿、阳极泥、粗硫酸镍、废催化剂、砷渣、中和渣、脱硫石膏渣、电解残极等，其产生、排放情况见表 2-18。

表 2-18　固体废物产生、排放情况一览表

序号	固体废物名称	排放去向	备注
1	熔炼炉渣	作为建筑材料外售	一般固体废物
2	熔吹炼烟尘	外售，执行五联单转移制度	危险废物
3	精炼烟尘	外售，执行五联单转移制度	危险废物
4	渣选厂尾矿	作为建筑材料外售	一般固体废物
5	废催化剂	外售，执行五联单转移制度	危险废物
6	砷渣	外售，执行五联单转移制度	危险废物

(5) 底吹熔炼-底吹吹炼工艺

G 公司产品有铅、黄金、白银、硫酸、铜、锑、铋、工业硫酸锌、氧化锌等，冶炼生产工艺流程及排污节点如图 2-14 所示。

A. 原辅料配料系统

本工程外购原料及返回的物料由汽车送至备料车间。原料及辅料分别储存于料仓内，仓下均配置 1 台定量给料机，用于给料、计量和配料。配料后的物料经胶带输送机送往底吹熔炼工序。

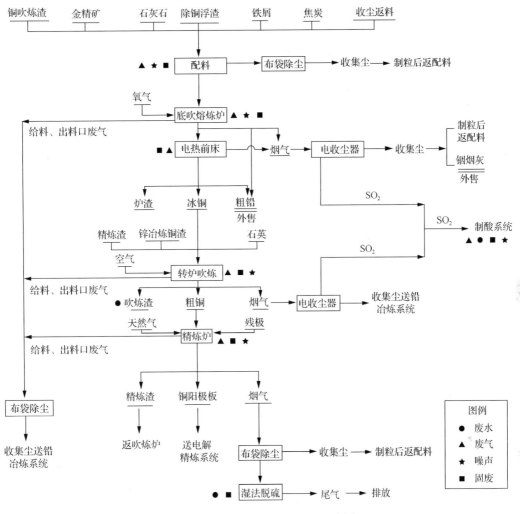

图 2-14　工艺流程及排污节点图

B. 底吹熔炼系统

由胶带输送机运来的物料分别送至两个炉前料仓，经定量给料机通过两个移动式皮带加料机连续均衡地加入底吹熔炼炉进行熔炼。熔炼过程中通过氧枪吹入适量氧气，使原料熔化并发生氧化、还原、热裂解、化合物间相互作用，产生粗铅、冰铜、炉渣和含高浓度 SO_2 的烟气。大部分粗铅由铅虹吸口经溜槽放出至圆盘铸铅机铸锭；冰铜与渣一起由冰铜出口经溜槽连续进入电热前床，在电热前床中根据铅、冰铜、炉渣比重不同，进行分离，渣在最上层，冰铜在中部，粗铅在最下部，粗铅、冰铜、炉渣由各个出口放出，粗铅经圆盘铸铅机铸锭，粗铅锭送至铅生产系统；渣通过渣包送缓冷渣场，缓冷后外售；液态冰铜进入转炉吹炼；含 SO_2 烟气由排烟口进入余热锅炉回收烟气余热后进电除尘器除尘，然后入制酸系统制酸。回收烟尘返回底吹熔炼炉。

C. 底吹吹炼炉系统

冰铜从底吹熔炼炉经溜槽进入底吹吹炼炉，同时从皮带加入铜渣和石英，通过氧枪向炉内鼓入富氧空气，炉料中的 FeS 及 PbS 发生反应生成 FeO、PbO，与加入的辅料石英造渣生成低熔点、黏度小的 $PbO \cdot SiO_2$、$FeO \cdot SiO_2$，造渣反应产生大量的热，冰铜中 Cu_2S 与氧作用生成氧化亚铜和 SO_2，氧化亚铜和硫化亚铜反应生成单质铜和 SO_2。粗铜进入精炼炉；吹炼渣由于含铜、铅高，返回底吹熔炼炉；含 SO_2 烟气由排烟口进入余热锅炉，回收烟气余热后，进入电除尘器除尘，然后与经除尘处理后的底吹熔炼炉烟气一起进入制酸系统；回收烟尘送至铅生产系统回收铅。

D. 火法精炼系统

液态粗铜经进料口进入精炼炉，以天然气为燃料及还原剂。由风口向铜熔体中鼓入空气，使铜熔体中对氧亲和力较大的锌、铁、铅、硫等杂质发生氧化，以氧化物的形态浮于铜熔体表面形成炉渣而除去，残留在铜熔体中的氧再用天然气还原脱除，铜液经圆盘铸板机浇铸成阳极板送去电解精炼；精炼渣返回底吹吹炼炉吹炼。烟气经除尘、脱硫后经排气筒排放。

E. 电解精炼系统

火法精炼系统铸成的阳极板与阴极板(不锈钢板)相间地装入电解槽中，用硫酸铜和硫酸的混合水溶液作为电解液，在直流电的作用下，阳极上的铜和比铜更负电性的金属电化溶解，以离子形态进入电解液，比铜更正电性的金属和不溶于电解液的难溶化合物以阳极泥形态沉于电解槽底，溶液中的铜离子在阴极上优先析出，形成单质铜。电解过程完成后，阴极由吊车送至阴极洗涤剥片机组，剥下的阴极铜经称量打包送成品库，不锈钢阴极经重新排板吊回电解槽。残阳极经残极洗涤堆垛机组处理后由叉车送至精炼炉。阳极泥浆送至阳极泥地坑，阳极泥经洗涤、压滤后，滤液返回净液系统，滤渣(阳极泥)送至贵金属冶炼厂回收金、银等有价金属。

F. 大气污染源

废气污染源主要有原料备料系统、底吹熔炼系统、精炼炉、电解车间等产生的废气。大气污染源排放情况见表 2-19。

表 2-19　大气污染源排放情况

序号	污染源	治理措施	污染物种类	污染物排放情况	
				mg/Nm³	kg/h
1	制酸尾气	钠碱法脱硫	颗粒物	11.5	0.64
			二氧化硫	46	2.53
			铅尘	0.089	4.94×10^{-3}
2	精炼炉烟气	表面冷却器+袋式除尘器+钠碱法脱硫	颗粒物	14.4	0.184
			二氧化硫	117	1.5
			铅尘	0.176	2.25×10^{-3}
3	电解车间及净液系统废气	集气罩+酸雾净化塔	硫酸雾	1.26	0.015
4	①底吹熔炼炉给料、出料废气；②转炉吹炼给料、出料废气；③精炼炉给料、出料废气；④烟尘制粒粉尘	集气罩+袋式除尘器	颗粒物	13.6	1.55
			铅尘	0.105	0.012
5	原料仓及配料系统废气	集气罩+袋式除尘器	颗粒物	15.7	0.355
			铅尘	0.064	1.44×10^{-3}

原料备料系统粉尘：原料备料系统在给料、输送、混料过程中均产生一定量含铅粉尘，各产尘点设置集气罩，经袋式除尘器除尘后，由高 30m 排气筒排放。

底吹熔炼炉烟气：底吹熔炼炉在生产过程中产生含烟尘、铅、SO_2 的烟气，烟气温度（900±100）℃，烟气经余热锅炉回收余热、四电场静电除尘器除尘后，送制酸系统。

底吹炉吹炼烟气：转炉吹炼过程中产生含烟尘、铅、SO_2 的烟气，烟气温度 900℃左右，烟气经余热锅炉回收余热、四电场静电除尘器除尘后，送制酸系统。

精炼炉烟气：铜精炼炉以天然气为燃料及还原剂，在生产过程中产生含烟尘、SO_2 的烟气，烟气经表面冷却器将温度降至 120℃以下，送至袋式除尘器除尘和钠碱法脱硫后，经高 30m 烟囱排放。

电解车间废气主要是铜电解槽及净液系统产生的低浓度硫酸雾。

电解工序铜电解槽及循环槽在生产时由于电解液中水分蒸发，将电解液带出形成硫酸雾，工程拟设置侧吸罩，将电解槽产生的硫酸雾收集后与净液系统废气一并送玻璃钢酸雾净化塔处理。为减少电解槽硫酸雾的产生量，项目采用聚苯乙烯泡沫塑料浮子覆盖于电解液表面。

净液系统在真空蒸发、脱铜电解时产生硫酸雾废气，真空蒸发废气与由集气罩收集的脱铜电解槽废气，与电解工序铜电解槽及循环槽废气一起经玻璃钢酸雾净化塔处理后，通过高 45m 排气筒排放。

各炉窑加料、出料废气及烟尘制粒粉尘：底吹熔炼炉炉顶有两个加料口，在加料时会有烟气和粉尘冒出，将加料口整体密闭采用上排风；熔炼炉铅虹吸口产生铅蒸气、出渣口及出渣溜槽、电热前床放渣口、放冰铜口均产生烟尘、铅蒸气和 SO_2 等有害气体，铅虹吸口设上吸罩，渣口及出渣溜槽等设置整体密闭罩上排风。

吹炼炉加料口，在进热冰铜及辅料时会有烟气和粉尘冒出，将加料口整体密闭采用上排风；吹炼炉吹炼出渣口、出铜口及出渣、出铜溜槽均产生烟尘、铅蒸气和 SO_2 等有害气体，出渣口、出铜口及出渣、出铜溜槽等设置整体密闭罩上排风。

精炼炉加料口在进热粗铜时会有烟气和粉尘冒出，将加料口整体密闭采用上排风；精炼炉出渣口、出铜口及出渣、出铜溜槽均产生烟尘和 SO_2 等有害气体，出渣口、出铜口及出渣、出铜溜槽等设置整体密闭罩上排风。

烟尘制粒在原料车间厂房的副跨内，烟尘输送至料仓，经皮带秤计量进入圆筒制粒机，加水制粒。烟尘在输送过程中均为密闭输送，仅在制粒机进料、出料口有少量粉尘产生，设置上吸式集气罩上排风。

上述各排风点组成一集中排风系统，经脉冲袋式除尘器除尘后，送往高 80m 烟囱排放。

制酸尾气：送制酸系统的烟气包括底吹熔炼炉烟气和转炉烟气，底吹熔炼炉和转炉产生的烟气分别经各自的余热锅炉回收余热、电除尘器除尘后，一并进入制酸系统，制酸采用两转两吸制酸工艺，制酸尾气采用钠碱法脱硫后通过高 80m 烟囱排放。

无组织排放：本项目无组织排放源主要为原料场物料装卸、输送、堆存以及上料中产生的粉尘；制酸车间及电解车间产生少量硫酸雾无组织排放。

G. 废水污染源

净循环水系统排水主要来自熔炼炉、吹炼炉、制酸系统等设备及各类风机的间接冷却排污水，其水质洁净，此部分废水总量为 297m³/d，其中 32m³/d 回用于电解车间的酸雾净化塔，6m³/d 回用于精炼炉烟气脱硫塔，其余排入厂区污水管网，经集聚区污水管网最终进入污水处理厂。废水产生量及水质情况见表 2-20。

表 2-20 废水产生量及水质情况

项目	产生量/(t/d)	水质			
		pH	COD/(mg/L)	SS/(mg/L)	NH₃-N/(mg/L)
循环系统排水	259	6～9	40	25	—

浊循环水系统为吹炼渣冲渣水、铅锭和阳极铜浇铸机冷却水，均建有循环冷却系统，循环使用，为亏水状态，由净循环水系统排污及污酸处理后的废水补充，无废水外排。

制酸废水：制酸车间净化工段、地面冲洗，产生污酸和酸性废水，产生量为 136m³/d，送至污酸废水处理站。污酸废水处理站采用均化、中和、曝气、膜过滤工艺处理污酸废水，经处理后，回用于转炉吹炼渣冲渣，不外排。

酸碱废水：软水处理站、化验室、电解车间酸雾净化处理产生酸碱废水经综合污水处理站处理后，回用于酸雾净化塔、制粒及铅锭和阳极铜浇铸机冷却，不外排。

脱硫废水：制酸尾气、精炼炉烟气脱硫处理产生的废水循环使用，为亏水状态，定期补充新水，无废水排放。

初期雨水：为预防初期雨水将生产过程中洒落在厂区地面上的少量含铅粉尘带入地表水体，厂区建设初期雨水收集池，收集厂区前 15min 内的初期雨水。初期雨水收集池容积为 3500m³，雨水经沉降后进入污酸处理站处理。

H. 固体废物

产生的固体废物主要有底吹熔炼车间熔炼渣、转炉吹炼车间吹炼渣、电解车间阳极泥及废渣、精炼炉车间精炼渣、制酸净化工段滤饼。

熔炼渣：熔炼渣由渣包运至缓冷渣场进行冷却，缓冷渣场位于火法车间厂房西侧，面积为 2700m²，缓冷渣场四周设挡渣墙，顶部设挡雨棚，地面采取硬化防渗处理措施。经冷却后的熔炼渣外售回收熔炼渣中的铜、铅。

吹炼炉水淬渣：吹炼炉水淬渣含铜较高，主要成分是铁的氧化物和硅酸盐熔融体，送原料车间进行配料。

电解车间阳极泥：在铜电解车间内设铜阳极泥储存槽用于储存铜阳极泥，可储存 15 天左右渣量，定期送至贵金属冶炼厂回收金银。

精炼渣：精炼炉精炼渣含铜 35% 左右，以液态渣形式返回转炉处理。

滤饼及污泥：污酸废水处理车间内设有铁制渣斗用于储存污酸处理站污泥及制酸净化工段滤饼，可储存 15 天左右渣量，定期送有资质单位处置。

3. 湿法炼铜砷污染源调查及实测

H 公司工艺为堆浸—萃取—电积工艺，回收铜金属。

(1)生产工艺流程

废石堆浸工程生产工艺采用堆浸—萃取—电积工艺,该工艺主要原理为:含铜废石在细菌和空气自然氧化作用下,废石中重金属离子被溶出进入浸出液(矿山酸性废水)中,浸出液在废石堆中循环喷淋二至三次,使浸出液中铜离子浓度提高到1g/L以上,将该浸出液进行两级萃取和一级反萃取,反萃液进入电解槽,产出阴极铜(电积铜)。生产工艺流程简图如图2-15所示。

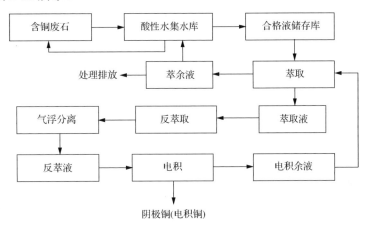

图 2-15　含铜废石堆浸工艺流程简图

堆浸工程设计每天需酸性废水31152m³/d,其中合格液量7488m³/d(含铜在1g/L以上),循环喷淋水量14976m³/d,再次利用水量7488m³/d,蒸发损失量为1200m³/d。萃余液返回酸性水集水库,实施闭路循环。在实际运行中,少量萃余液进入公司废水处理站再次回收废水中铜等有价金属,回收后废水采用HDS工艺处理达标后排放。

(2)排污节点与污染防治措施分析

铜湿法冶炼工艺主要污染物为COD、铜等重金属,H铜矿堆浸工程含重金属污染物的浸出液、萃余液储存在酸性水集水库等专用库中。

部分含重金属离子的萃余液因含有较高铜等重金属离子,进入公司废水处理站,采用控制硫化技术回收其中铜等有价金属,回收金属后废水进入HDS处理系统,处理达标后与矿山其他处理达标废水汇合,部分废水回用于选矿厂选矿、采区降尘等工序,多余部分排放。萃余液成分分析见表2-21。

表 2-21　H 铜矿湿法炼铜萃余液成分分析表

样品名称	分析项目										
	pH	Cu /(mg/L)	Pb /(mg/L)	Zn /(mg/L)	Cd /(mg/L)	Cr /(mg/L)	As /(mg/L)	总铁 /(mg/L)	Fe^{3+} /(mg/L)	COD /(mg/L)	耗碱量 /(mg/L)
萃余液	2.23	24.56	0.848	12.63	0.164	—	0.015	1032.25	774.19	249.6	12558.67
萃余液	2.02	16.75	0.762	11.31	0.134	—	0.030	825.81	787.10	243.6	12126.76
萃余液	2.16	25.05	0.783	12.48	0.137	—	0.020			295.3	15867.80

2.3　铜冶炼行业砷污染源核算及识别

2.3.1　数据核算方法

根据环境统计相关数据处理原则及实际情况，确定调查、实测生产工艺单位产品砷的排放强度方法[97]。

1. 单位产品砷的排放强度

生产工艺单位产品砷的排放强度：

$$G_i = O_i/P_i \tag{2-1}$$

式中，G_i 为污染源（水、气和渣）单位产品砷的排放强度；O_i 为污染源（水、气和渣）排放的砷量；P_i 为产品（总量）；i 为生产工艺种类。

2. 砷的贡献率

砷的排放贡献率：

$$H = G_i \bigg/ \sum_{i=1}^{n} G_i \tag{2-2}$$

式中，H 为污染源（水、气和渣）砷的贡献率；G_i 为污染源（水、气和渣）单位产品砷的排放强度；i 为污染源（水、气和渣）种类。

2.3.2　铜冶炼行业砷污染源识别

以闪速熔炼+转炉吹炼工艺核算为例，开展核算示例。

1. 废气污染源核算

废气量核算：废气排放量为各个烟囱排口气量之和。闪速熔炼+转炉吹炼工艺的排放废气包括干燥废气、环境集烟、鼓风炉烟气、阳极炉烟气、制酸尾气，利用数学统计的方法，计算出闪速熔炼+转炉吹炼工艺合计排放的烟气量为 16443.5Nm³/t-Cu 金属量，见表 2-22，企业废气中砷及其化合物浓度值见表 2-23。

表 2-22　企业烟气量一览表

序号	工序名称	企业 1 单位产品排放的烟气量（权重 0.5）/(Nm³/t-Cu 金属量)	企业 2 单位产品排放的烟气量（权重 0.5）/(Nm³/t-Cu 金属量)	单位产品排放的烟气量/(Nm³/t-Cu 金属量)
1	干燥废气	4340	1827	3083.5
2	环境集烟	6277.5	9529.5	7903.5
3	阳极炉	1780	1252.5	1516.25
4	制酸尾气	3572.5	4308	3940.25

表 2-23 企业废气中砷及其化合物浓度一览表

序号	工序名称	企业1砷及其化合物浓度实测值/(mg/Nm³)(权重 0.9)	企业2砷及其化合物浓度实测值/(mg/Nm³)(权重 0.1)	砷及其化合物浓度实测值/(mg/Nm³)
1	干燥废气	0.1575	—	0.16
2	环境集烟	0.39	0.004	0.39
3	阳极炉	0.022	—	0.022
4	制酸尾气	0.11	0.015	0.1

利用数学统计的分析法，各工序排放的砷及其化合物量取值见表 2-24。利用数学统计的分析法，计算出闪速熔炼+转炉吹炼工艺合计排放的砷及其化合物量为 4g/t-Cu 金属量。

表 2-24 闪速熔炼+转炉吹炼工艺废气中砷及其化合物排放量汇总表

序号	工序名称	单位产品排放的烟气量/(Nm³/t-Cu 金属量)	外排砷及其化合物浓度取值/(mg/Nm³)	单位产品排放的砷及其化合物量/(g/t-Cu 金属量)
1	干燥废气	3083.5	0.16	0.49
2	环境集烟	7903.5	0.39	3.08
3	阳极炉	1516.25	0.022	0.03
4	制酸尾气	3940.25	0.1	0.39

2. 废水污染源核算

废水量核算：废水排放量为各个排口水量之和。闪速熔炼+转炉吹炼工艺的排放废水的污染源为总排口，利用数学统计的方法，计算出闪速熔炼+转炉吹炼工艺合计排放的废水量为 4.7Nm³/t-Cu 金属量，见表 2-25，企业废水中总砷浓度值见表 2-26。。

表 2-25 企业废水量一览表

工序名称	企业1单位产品排放的废水量/(Nm³/t-Cu 金属量)(权重 0.5)	企业2单位产品排放的废水量/(Nm³/t-Cu 金属量)(权重 0.5)	单位产品排放的废水量/(Nm³/t-Cu 金属量)
总排口	6.14	3.3	4.7

表 2-26 企业废水中总砷浓度一览表

工序名称	企业1总砷浓度实测值/(mg/Nm³)(权重 0.5)	企业2总砷浓度实测值/(mg/Nm³)(权重 0.5)	总砷浓度实测值/(mg/Nm³)
总排口	0.21	0.06	0.14

利用数学统计的分析法，各工序排放的总砷产生量见表 2-27。

表 2-27 闪速熔炼+转炉吹炼工艺废水中总砷排放量汇总表

工序名称	单位产品排放的废水量/(Nm³/t-Cu 金属量)	外排总砷浓度取值/(mg/L)	单位产品排放的总砷量/(g/t-Cu 金属量)
总排口	4.7	0.14	0.66

利用数学统计的分析法，计算出闪速熔炼+转炉吹炼工艺合计排放的总砷量为 0.66g/t-Cu 金属量。

3. 废渣污染源核算

废渣量核算：废渣产生量为各个废渣产生量之和。利用数学统计的方法，计算出闪速熔炼+转炉吹炼工艺合计产生的废渣量为 2.47t/t-Cu 金属量。

废渣总砷核算：利用数学统计的分析法，各工序产生的总砷量取值见表 2-28。

表 2-28　闪速熔炼+转炉吹炼工艺总砷产生量汇总表

序号	工序名称	单位产品排放产生的总砷量/(g/t-Cu 金属量)
1	尾矿渣	1095
2	石膏渣	16
3	中和渣	5
4	铅滤饼	7.6
5	砷滤饼	2772
6	白烟尘	500
7	黑铜粉	976
8	阳极泥	119

利用数学统计的分析法，计算出闪速熔炼+转炉吹炼工艺产生的总砷量为 5490.6g/t-Cu 金属量，见表 2-29。

表 2-29　闪速熔炼+转炉吹炼工艺总砷污染源识别

形态	种类	单位产品砷排放强度/(g/t-Cu 金属量)	砷的贡献率/%
废气	干燥废气	0.49	0.01
	环境集烟	3.08	0.06
	阳极炉	0.03	0.0005
	制酸尾气	0.39	0.007
废水	总排口	0.66	0.01
废渣	尾矿渣	2190	19.9
	石膏渣	16	0.29
	中和渣	5	0.09
	铅滤饼	7.6	0.14
	砷滤饼	2772	50.49
	白烟尘	500	9.1
	黑铜粉	976	17.8
	阳极泥	119	2.1

铜冶炼业砷污染源识别结果见表 2-30。

表 2-30　铜冶炼业砷污染源识别

形态	种类	排放形式	砷的贡献率/%	砷的排放贡献率/%
废气	干燥废气(闪速熔炼)	除尘净化后排放	0.02	11.2~22.2
	环境集烟	布袋收尘+湿法脱硫后排放	0.02~0.07	66~89.4
	阳极炉烟气	除尘净化后排放	0.001~0.011	4.32~14.08
	制酸尾气	湿法脱硫后排放	0.0001~0.002	0.03~3.8
废水	总排口(污酸、地面冲洗水、初期雨水等)	硫化+石灰+铁盐法处理后排放	0.001~0.014	1.3~4.15
废渣	石膏渣	综合利用或堆存	0.01~0.6	—
	白烟尘	属于危险固体废物,有价金属回收和交有资质单位安全处置	9.1~15	—
	中和渣		0.008~1.51	—
	铅滤饼		0.005~0.48	—
	砷滤饼		49.4~55.04	—
	黑铜粉		14.3~25.1	—
	阳极泥		1.8~2.4	—
	尾矿渣	一般固废综合利用	11.7~20.5	—

第3章 铜冶炼过程砷污染源动态解析技术

随着大数据与云计算技术的发展，计算热力学、计算流体力学与人工智能技术的结合，成为污染源动态解析的一种新方法。本章基于这种新的方法，以闪速炼铜工艺为对象，针对闪速炼铜过程砷污染物分配行为开发砷污染源动态解析软件，开展砷污染源的动态诊断、仿真与可视化，为闪速炼铜工艺砷污染防治与管理提供技术支撑。

3.1 闪速炼铜多相反应平衡模型

3.1.1 反应平衡原理与理论基础

在一个封闭系统中，根据给定温度、压力和系统中每一元素的物质的量，可以确定该系统的平衡状态。实际上，每一组分在平衡系统中的物质的量可以通过求解关于这些化学反应的复杂联立方程组而获得[98~100]。

平衡计算所需数据包括：最终平衡温度和系统压强，由加料量计算得出的物质的量总量，每一组分的吉布斯标准生成自由能和活度系数。其中，活度系数可用常数表示，或用温度和含有这一组分的物相成分的函数表示。

化学组分之间可能发生多种化学反应。如果系统中不同元素种类数是 N_a，化学组分数是 N_c，那么独立反应数可以用 $N_b=N_c-N_a$ 来表示，因此由 N_a 个独立组分产出 (N_c-N_a) 个从属组分的 (N_c-N_a) 个反应可以用矩阵表示如下：

$$
\begin{aligned}
&(V_{j,i})(A_{i,k}) = (B_{j,k}) \\
&(i=1\sim N_a, \ j=1\sim N_b, \ k=1\sim N_a)
\end{aligned}
\tag{3-1}
$$

式中，$A_{i,k}$ 和 $B_{j,k}$ 分别为构成独立组分和从属组分的元素矩阵；$V_{j,i}$ 为化学反应的系数矩阵；i、j 和 k 分别为独立组分、从属组分和元素种类数。

$V_{j,i}$ 可从下式求得：

$$
(V_{j,i}) = (B_{j,k})\,(A_{i,k})^{-1}
\tag{3-2}
$$

上述所得到的独立组分和从属组分的选择和推导原则是根据 Brinkley 原理确定的。独立组分的选择必须能计算出 $A_{i,k}$ 的逆矩阵，而且这些组分在预期条件下是稳定的。

由独立组分产生从属组分的反应平衡常数 K_j 为

$$
K_j = \exp\left[\left(-\Delta G_j^\circ + \sum_i V_{j,i}\Delta G_i^\circ\right)\bigg/(RT)\right]
\tag{3-3}
$$

式中，R 和 T 分别为摩尔气体常数和平衡温度；ΔG_i° 和 ΔG_j° 分别为第 i 个独立组分和第 j

个从属组分的吉布斯标准生成自由能。

平衡状态中独立组分和从属组分物质的量的相互关系见方程式：

$$X_j = (Z_{m(j)} / \gamma_j)k_i \prod_i (\gamma_i X_i / Z_{m(i)})^{\nu_{j,i}} \tag{3-4}$$

式中，X_i 和 γ_i 分别为第 i 个独立组分的物质的量和活度系数；X_j 和 γ_j 分别为第 j 个从属组分的物质的量和活度系数。假设气相是理想气体，系统中总压强的值可作为气相组分的 γ_i 和 γ_j 值。第 m 相的物质的量总量用 Z_m 表示，则 $Z_{m(i)}$ 和 $Z_{m(j)}$ 分别表示含第 i 个独立组分和第 j 个从属组分的相的物质的量。

按封闭系统考虑，每个元素的总量是一定的，因此必须满足方程式：

$$Q_k = \sum_i A_{i,k} X_i + \sum_j B_{j,k} X_j \tag{3-5}$$

式中，Q_k 为系统中的第 k 个元素的物质的量总量。

Z_m 用 X_i 和 X_j 表示为

$$Z_m = \sum_{i(m)} X_i + \sum_{j(m)} X_j \tag{3-6}$$

在式 (3-6) 中，$i(m)$ 表示只有当第 i 个独立组分属于第 m 相时才能求和。同样，$j(m)$ 表示只有当第 j 个从属组分属于第 m 相时才能进行求和。

倘若相的总数用 N_p 表示，则式 (3-4)、式 (3-5) 和式 (3-6) 的数量总和为 N_c+N_p，该值等于未知量 X_i、X_j 和 Z_m 的数量。虽然活度系数是变的，但在活度系数用温度和相成分的函数表示的范围是不会变的，因此，求解这些方程组，可得到平衡状态下每一组分的物质的量的数值。

直接用数学方法联立求解方程式 (3-4)、式 (3-5) 和式 (3-6) 很困难，在此采用牛顿-拉夫森法获得其近似解[101]。

3.1.2 理论计算模型

把各相中所包含的全部组分分成独立组分和从属成分，在选择独立组分时，要使得组成独立组分的元素包含体系内的全部元素，并且使得独立组分的数量正好等于体系内所含元素种类的总和。这样，其余的所有从属组分在平衡时的物质的量就可以作为独立组分的物质的量的函数来表示。

进入闪速熔炼反应塔内的物质有精矿、熔剂、富氧空气、烟灰以及其他返料等。这些物质中所包含的与平衡计算有关的元素或组分为 Cu、S、Fe、O、N、C、H、Pb、Zn、As、Sb、Bi、Ni、Co、Sn、Ag、Au、SiO_2、CaO、MgO 和 Al_2O_3 共 21 种。

根据反应平衡原理与数值计算理论基础，建立理论计算模型[102~104]，其程序框图如图 3-1 所示。

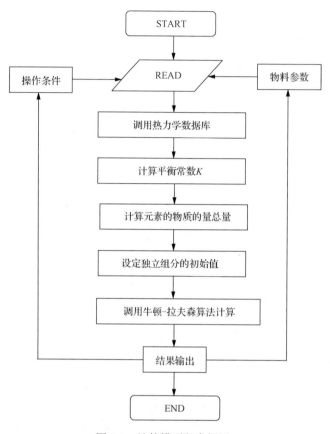

图 3-1　计算模型程序框图

3.1.3　理论计算模型验证

选取某企业闪速炼铜工序的部分典型生产数据，并用理论模型对冰铜、渣的组分进行了计算，其结果列于表 3-1。理论模型在主要操作参数一致的情况下，计算出的理论值与生产数据基本吻合，该模型可用于预测产物组分。

3.1.4　影响砷污染物分配参数

根据理论计算的数据，改变入炉物料量、总风量、富氧浓度和熔体温度等操作参数及原矿品位(铜含量)、原矿砷含量等物料参数，各参数变化对冰铜、炉渣及烟气中砷含量的影响大致规律如下：

(1)当入炉物料量低于 230t/h 时，随入炉物料量的增加，冰铜中的砷含量急剧上升，炉渣中砷含量迅速下降，烟气中的砷含量保持在较低水准；当入炉物料量高于 230t/h 时，冰铜中的砷含量随着入炉物料的增加而逐步递减，炉渣中砷含量平缓降低，烟气中的砷含量则呈逐步上升趋势(图 3-2)。

表 3-1 生产数据与理论模型计算结果对照表

项目		物料输入					工艺操作					控制参数		冰铜成分[2]/%				炉渣成分[2]/%				
	入炉物料量/(t/h)	Cu/%	Fe/%	S/%	As/%	烟尘/(mg/Nm³)	烟尘含As/%	温度[1]/℃	总风量[2]/(Nm³/h)	富氧浓度[2]/%	冰铜品位[1]/%	铁硅比	Cu	Fe	S	As	Fe₃O₄	Cu	Fe	S	As
采样值	140	25.48	26.39	28.27	0.29	11.00	4.41	1300.00	28796.06	74.27	68.00	1.35	68.98	7.49	20.63	0.26	10.10	1.57	38.46	0.22	0.38
计算值									28680.00	75.00		1.31	68.00	8.08	20.70	0.47	11.26	0.42	44.19	0.07	0.37
采样值	160	25.04	26.17	27.42	0.34	11.67	4.61	1300.00	32411.59	74.33	68.00	1.35	68.57	7.92	20.42	0.30	11.00	1.78	39.14	0.26	0.43
计算值									31200.00	75.00		1.27	68.00	8.47	21.49	0.44	10.50	0.40	43.68	0.08	0.38
采样值	180	25.42	26.38	28.57	0.28	13.67	4.71	1300.00	37174.57	74.00	68.00	1.35	69.20	6.98	20.67	0.30	14.13	1.43	39.02	0.17	0.36
计算值									36500.00	75.00		1.28	68.00	8.49	21.49	0.41	10.62	0.40	43.82	0.08	0.35
采样值	200	25.76	26.14	28.15	0.29	17.33	4.21	1300.00	40287.60	75.93	68.00	1.35	67.38	8.68	20.67	0.30	12.47	1.42	38.58	0.14	0.39
计算值									39650.00	75.00		1.26	68.00	8.48	21.50	0.43	10.41	0.40	43.60	0.09	0.36
采样值	220	24.90	26.34	27.55	0.36	19.00	4.25	1300.00	44676.80	74.27	68.00	1.35	67.62	8.24	20.32	0.32	12.60	1.46	39.18	0.29	0.42
计算值									43310.00	75.00		1.28	68.01	8.46	21.47	0.46	10.63	0.40	43.82	0.08	0.39
采样值	240	25.81	25.16	27.41	0.26	21.67	4.22	1300.00	47567.34	77.13	68.00	1.35	68.50	7.64	20.73	0.27	16.47	1.56	37.40	0.15	0.37
计算值									45610.00	75.00		1.21	68.01	8.43	21.55	0.42	9.69	0.40	42.83	0.09	0.36
采样值	255	23.89	26.94	29.49	0.22	21.33	4.70	1300.00	53625.58	74.73	68.00	1.35	69.48	6.55	20.22	0.24	10.93	1.94	38.87	0.23	0.39
计算值									54790.00	75.00		1.32	68.01	8.52	21.45	0.40	11.16	0.40	44.38	0.08	0.34

① 为计算过程中的控制参数;
② 为计算过程中的预测参数。

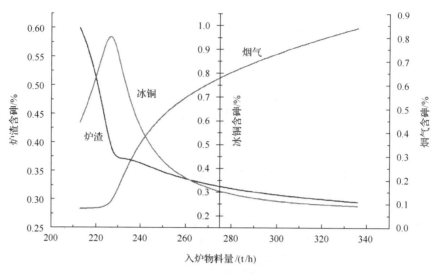

图 3-2　入炉物料量对砷含量的影响

2) 冰铜和炉渣中的砷含量随着入炉总风量的增加而逐步升高，但烟气中的砷含量则随总风量的增加呈逐步递减趋势(图 3-3)。

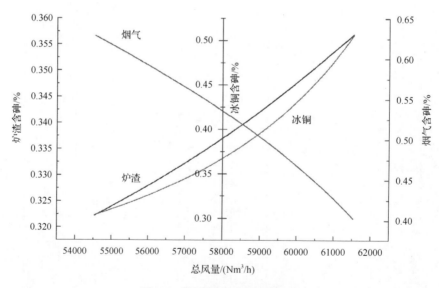

图 3-3　总风量对砷含量的影响

3) 冰铜和炉渣中的砷含量均随着富氧浓度的增加而逐步升高，烟气中的砷含量则随富氧浓度的增加呈逐步递减趋势(图 3-4)。

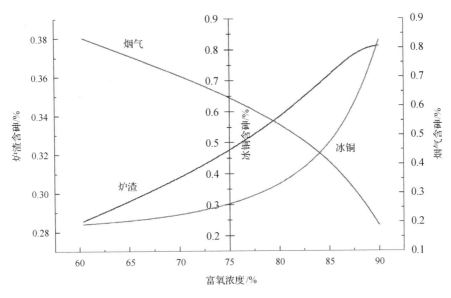

图 3-4 富氧浓度对砷含量的影响

4) 当温度低于 1350℃时, 冰铜中的砷含量随着温度的升高而呈上升趋势, 但当温度高于 1350℃时, 冰铜中的砷含量略有下降。炉渣中砷含量则随温度的升高逐步递减。烟气中砷含量随温度升高近似呈线性上升趋势(图 3-5)。

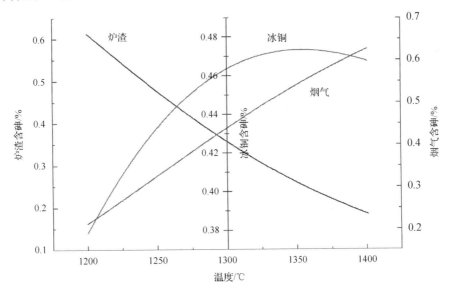

图 3-5 温度对砷含量的影响

5) 如图 3-6 所示, 冰铜和炉渣中的砷含量均随着原矿品位的升高而逐步上升, 但烟气中的砷含量则随原矿品位的升高而呈逐步递减趋势。

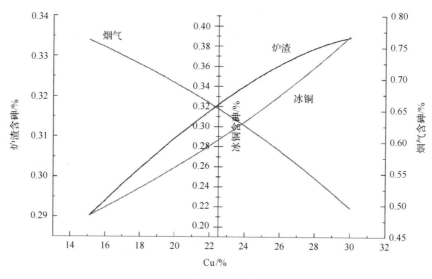

图 3-6 原矿品位(铜含量)对砷含量的影响

6)冰铜、炉渣和烟气中的砷含量均随着原矿中砷含量的增加呈逐步升高趋势(图 3-7)。

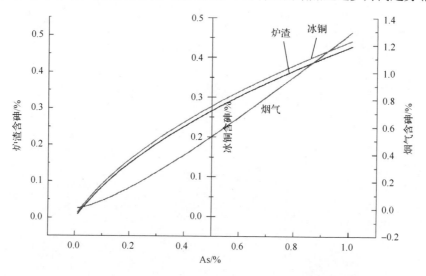

图 3-7 原矿砷含量对冰铜、炉渣、烟气中砷含量的影响

3.2 闪速炼铜过程污染物分布的数值仿真技术

3.2.1 解析区域

为对闪速炼铜过程污染物分布进行数值仿真，以闪速炉反应塔、沉淀池部分气相空间、反应塔顶部的精矿喷嘴和天然气烧嘴四部分(图 3-8)为解析区域，其中反应塔尺寸为 $\Phi7\text{m} \times 8\text{m}$，沉淀池气相空间尺寸为 $18.65\text{m} \times 9.2\text{m} \times 1.6\text{m}(L \times W \times H)$。

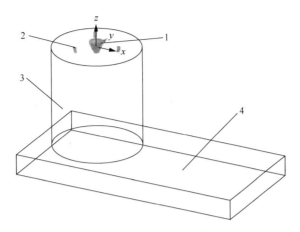

图 3-8　铜闪速炉计算区域示意图

1. 精矿喷嘴；2. 塔顶天然气烧嘴；3. 反应塔；4. 沉淀池气相空间

3.2.2　数学模型

1. 气相传输模型

采用欧拉-拉格朗日方法描述铜闪速熔炼中的气粒两相传递过程和砷污染物的转化过程。即采用欧拉法求解气相方程，包括连续性方程、动量方程、能量方程、组分传输方程，湍流模型选用可实现的 k-ε 湍流模型[105]。其通用控制方程为

$$\frac{\partial \rho \varphi}{\partial t} + \nabla(\rho \boldsymbol{u} \varphi) = \nabla(\Gamma_\varphi \nabla \varphi) + S_\varphi \tag{3-7}$$

式中，$\boldsymbol{u}$ 为气体速度矢量；Γ_φ 为广义扩散系数；S_φ 为广义源项；对于特定意义的 φ，Γ_φ、S_φ 具有特定的计算式①。选用 P1 辐射模型计算炉内的辐射传热。

2. 颗粒相传输模型

颗粒相采用拉格朗日 DPM 模型描述[106]，其运动方程如下：

$$\frac{\mathrm{d}\boldsymbol{v}_\mathrm{p}}{\mathrm{d}t} = F_\mathrm{D}(\boldsymbol{v} - \boldsymbol{v}_\mathrm{p}) + \frac{\boldsymbol{g}(\rho_\mathrm{p} - \rho)}{\rho_\mathrm{p}} + \boldsymbol{F} \tag{3-8}$$

式中，$\boldsymbol{v}_\mathrm{p}$、$\boldsymbol{v}$ 分别为颗粒相与气相速度矢量；$\boldsymbol{g}$ 为重力加速度；ρ_p、ρ 分别为颗粒与气相密度；$\boldsymbol{F}$ 为颗粒相所受的除阻力、重力外的外力；F_D 为颗粒运动中受到的气相作用力的系数。

颗粒相与连续相之间热量传递用如下方程表示：

$$\sum (m_\mathrm{p} c_\mathrm{p}) \frac{\mathrm{d}T}{\mathrm{d}t} = Q_\mathrm{c} + Q_\mathrm{r} + Q_\mathrm{rad} \tag{3-9}$$

---

①可参阅相关书籍，如《有色冶金炉窑仿真与优化》《传热与流体流动的数值计算》。

式中，m_p 为颗粒质量；c_p 为颗粒定压比热容；T 为温度；t 为时间；Q_r 为化学反应热；Q_c 为气相与颗粒表面的对流传热；Q_{rad} 为气相和颗粒相之间的辐射传热。

为较真实地描述入炉物料的粒径分布情况，将入炉颗粒按物料种类分为四组，其中精矿与烟灰为一组，渣精矿、吹炼渣和石英各为一组；采用 Rosin-Rammer 分布来描述各组颗粒的粒径分布规律。

3. 化学反应模型

闪速熔炼过程包含了一系列复杂的冶金化学反应，主要考虑两大反应过程：一是闪速熔炼中主要金属的冶金反应过程，二是砷污染物转化与迁移的反应过程。各反应的反应速率由有限速率或涡耗散模型确定[107-110]。

1）铜熔炼过程的主要化学反应：

$$2CuFeS_2 + O_2 = Cu_2S + 2FeS + SO_2 \tag{3-10}$$

$$FeS_2 + O_2 = FeS + SO_2 \tag{3-11}$$

$$3FeS + 5O_2 = Fe_3O_4 + 3SO_2 \tag{3-12}$$

$$2Cu_2S + 3O_2 = 2Cu_2O + 2SO_2 \tag{3-13}$$

$$FeS + 3Fe_3O_4 = 10FeO + SO_2 \tag{3-14}$$

$$3Cu_2O + FeS = 6Cu + FeO + SO_2 \tag{3-15}$$

$$CH_4 + 2O_2 = CO_2 + 2H_2O \tag{3-16}$$

2）砷污染物转化过程的主要化学反应：

$$4Cu_3AsS_4 + 13O_2 = 6Cu_2S + As_4O_6 + 10SO_2 \tag{3-17}$$

$$4Fe_3O_4 + 3As_4O_6 + 7O_2 = 12FeAsO_4 \tag{3-18}$$

$$2As_2O_3 = As_4O_6 \tag{3-19}$$

$$As_4O_6 = 4AsO + O_2, \quad T > 1073K \tag{3-20}$$

3.2.3 单值性条件

闪速炼铜基准工况下的配料参数、离散相颗粒分组及其参数分别见表3-2～表3-4[111~113]。

表 3-2 基准工况配料参数

炉料投料量/(kg/s)	炉料配比/%				
	精矿	渣精矿	吹炼渣	石英	烟灰
60.56	71.42	3.17	4.76	12.39	8.26

表 3-3　基准工况颗粒分组及其粒径分布

颗粒组号	入炉物料	初始速率/(m/s)	最小粒径/μm	最大粒径/μm	特征粒径 D_0/mm	分布指数 n	计算粒径数
颗粒 1	精矿、烟灰	10	20	100	24.642	0.924	5
颗粒 2	渣精矿	10	20	150	38	1.08	4
颗粒 3	吹炼渣	10	50	1500	926.873	1.701	3
颗粒 4	石英	10	50	900	429.548	2.164	4

表 3-4　基准工况各组颗粒的物相组成质量分数

物相组成	混合精矿、烟灰	渣精矿	吹炼渣	石英
$CuFeS_2$	0.6694	0	0	0
FeS_2	0.0480	0	0	0
Cu_2S	0.0017	0.2945	0.0049	0
FeS	0.0176	0	0	0
FeO	0.0018	0	0.1980	0.0129
Fe_3O_4	0.0279	0.0724	0.3007	0
Cu_2O	0.0081	0.0596	0.1118	0
Cu	0.0040	0.0059	0.0932	0
SiO_2	0.0619	0.1567	0.0196	0.9400
Fe_2SiO_4	0.1373	0.3592	0	0.0471
$CaFe_2O_4$	0	0	0.2531	0
As_2O_3	0.0066	0	0	0
Cu_3AsS_4	0.0157	0	0	0
$FeAsO_4$	0	0.0517	0.0187	0

闪速熔炼过程数学模型的边界条件设置为以下三类。

1)质量流量入口边界：基准工况下各气流入口参数见表 3-5(气体温度均为 343K)。

表 3-5　基准工况配风参数

工艺风			分散风流量/(kg/s)	中央氧流量/(kg/s)	中央天然气流量/(kg/s)	塔顶烧嘴(3 个)	
风量/(kg/s)	氧浓度/%	风速/(m/s)				天然气量/(kg/s)	燃烧风量/(kg/s)
14.43	76.8	90	1.129	0.874	0.03	0.03	0.538

2)壁面边界：计算区域内各壁面均设置为无滑移壁面，壁面温度根据闪速熔炼炉炉内温度分布特点及与其接触的烟气温度进行设置。

3)压力出口边界：根据在线监测数据，烟气出口处的压力设置为–42Pa。

3.2.4　主要含砷物质的浓度分布

为研究闪速熔炼过程中砷污染物的分配行为和流向，本节重点讨论含砷物质(Cu_3AsS_4、As_2O_3)的反应过程及中间产物(As_4O_6)的转化过程。

1. 气相含砷物质的分布特征

(1) As_4O_6 和 AsO 的浓度分布

闪速炉中心对称面上 As_4O_6 和 AsO 的气相浓度分布如图 3-9 所示。由于 Cu_3AsS_4 分解温度和 As_2O_3 的挥发温度都比较低，精矿中的 Cu_3AsS_4 和烟灰中的 As_2O_3 在刚离开精矿喷嘴后就分别开始氧化分解和挥发，由反应式(3-17)和式(3-19)可知，两者中的砷都以 As_4O_6 的形式进入气相。而在精矿喷嘴附近的高温和强氧化性环境下，As_4O_6 几乎在脱出的同时就发生了进一步的分解反应，最终以 AsO 的形式进入气相，整个生成与分解过程进行得非常迅速。

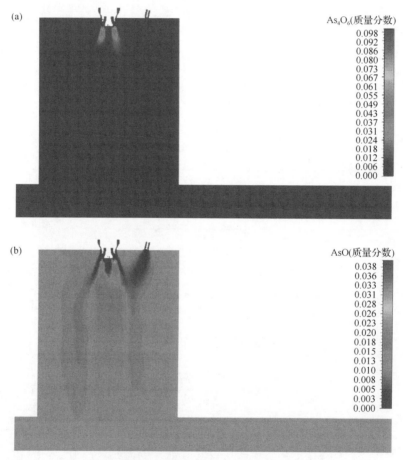

图 3-9　闪速炉中心对称截面气相砷污染物浓度场分布

(a) As_4O_6 浓度分布云图；(b) AsO 浓度分布云图

AsO 在气相中较为稳定，不参与其他反应。与流速场相对应，AsO 被包裹在中央气柱中，在反应塔中央形成了一个 AsO 高浓度区。在反应塔下部，气流遇到沉淀池熔体表面而形成回流。因此中央气柱中的 AsO 一部分随同塔底回流向上运动，一部分则随烟气进入上升烟道。

(2) As_4O_6 和 AsO 的转变过程

As_4O_6 和 AsO 在反应塔内的总体变化过程如图 3-10 所示。根据反应与消耗速度相对大小的不同，As_4O_6 的变化过程可以分为三个阶段。

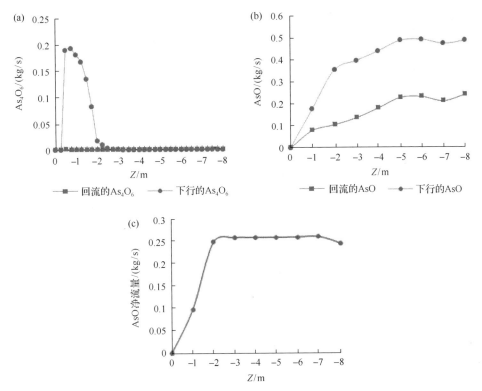

图 3-10　炉内 As_4O_6 和 AsO 的变化趋势

(a)炉内 As_4O_6 的变化趋势；(b)炉内 AsO 的变化趋势；(c)炉内 AsO 的净流量

第一阶段：生成速率大于消耗速率。这一过程发生在距离塔顶 0.75m 的区域内，此时炉料和气流刚入炉，处于升温阶段，以 As_4O_6 的生成为主，因此 As_4O_6 浓度逐渐增大，在离塔顶 0.75m 处 As_4O_6 的量到达最大值。

第二阶段：消耗速率大于生成速率。这一过程发生在距离塔顶 0.75～2.5m 的区域内，伴随着精矿的着火和中央天然气的燃烧，气相的温度急剧升高，达到 As_4O_6 的分解温度后，As_4O_6 的消耗速率迅速增加并高于其生产速率，故 As_4O_6 浓度明显降低。在距离塔顶 2.5m 时，炉内积累的 As_4O_6 已消耗殆尽[图 3-10(a)]。

第三阶段：As_4O_6 生成速率与消耗速率达到动态平衡。这一过程发生在距离塔顶 2.5～3.25m 的区域，此时由于精矿已经完全着火并开始燃烧，气相的温度远超过 As_4O_6 的分解温度，因此 As_4O_6 一旦生成，即立刻发生分解。在这一阶段由 As_4O_6 转化而来的 AsO 仅有极其微小的变化[图 3-10(c)]，因此可以认为 As_4O_6 的生成与转化过程在距离塔顶 2.5m 的区域内已基本完成。

用同一横截面中下行的 AsO 量减去回流的 AsO 量可得到该截面上 AsO 的净流量。图 3-10（c）为 AsO 的净流量随沿塔顶向下距离的变化过程。AsO 主要在距离塔顶 3.25m 以内的区域生成，其中，在距离塔顶 1m 以内区域生成的 AsO 约占 40%，而在距离塔顶 1～2m 的区域生成的 AsO 约占 60%。因此，AsO 的主要生成区域在距离塔顶 1～2m。

2. 颗粒相含砷物质的浓度分布

混合精矿中的砷主要以 Cu_3AsS_4 的形式存在，在闪速熔炼过程中其化学反应如式（3-17）所示。反应塔中 Cu_3AsS_4 质量分数[图 3-11（a）、（b）]表明，在精矿喷嘴附近的富氧环境下，Cu_3AsS_4 入炉后化学反应迅速，在距离塔顶 2m 的位置处基本反应完全。其中砷以 As_4O_6 的形式进入气相，铜以 Cu_2S 的形式继续存在于颗粒中。

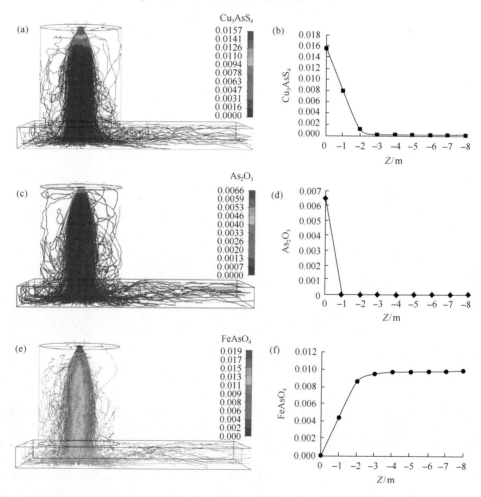

图 3-11　反应塔内 Cu_3AsS_4、As_2O_3 与 $FeAsO_4$ 的分布特征

（a）Cu_3AsS_4 质量分数分布；（b）Cu_3AsS_4 的质量分数沿反应塔高度的变化；（c）As_2O_3 质量分数分布；（d）As_2O_3 的质量分数沿反应塔高度的变化；（e）$FeAsO_4$ 质量分数分布；（f）$FeAsO_4$ 的质量分数沿反应塔高度的变化

　　烟灰中的砷主要以 As_2O_3 的形式存在,在反应塔内的化学反应如式(3-19)。图 3-11(c)、(d)表明在炉内的高温环境下, As_2O_3 的挥发过程极为迅速,在距离塔顶 1m 的位置处已全部以 As_4O_6 的形式进入气相。

　　在反应塔内,气相中的 As_4O_6 与颗粒相中的 Fe_3O_4 发生如式(3-18)的化学反应,生成性能较为稳定的 $FeAsO_4$。图 3-11(e)、(f)为 $FeAsO_4$ 在反应塔内的浓度分布。料柱中央的颗粒流中 $FeAsO_4$ 的含量较高,而料柱外围的颗粒流中 $FeAsO_4$ 的含量较低,这是因为位于塔中央的精矿颗粒升温着火较慢,更有利于 $FeAsO_4$ 的生成。图 3-11(f)表明进入熔体的 $FeAsO_4$ 同进入气相的 AsO 一样,主要在距离塔顶 3m 以上的区域内生成,而在距离塔顶 3m 以下的区域,几乎不再有 $FeAsO_4$ 生成。

　　3. 砷在熔体与气相中的分配比例

　　根据数值仿真计算结果,铜闪速熔炼基准工况下砷在熔体及气相中的分配比见表 3-6。考虑到烟尘随同烟气一起进入后续工序,故将烟尘带走的砷计算在气相中。基准工况下,含砷物质经过一系列转化,最终有 51.9%的砷进入气相,48.1%的砷进入熔体。

表 3-6　砷在各相中的分配比

项目	砷带入量/(kg/s)		砷带出量/(kg/s)	
	干矿	烟灰	熔体(炉渣+冰铜)	气相(烟气、烟尘)
	0.203	0.241	0.213	0.230
占比	45.8%	54.2%	48.1%	51.9%

注:熔体即为反应后落入沉淀池的颗粒相。

3.2.5　操作参数对砷污染物分配行为的影响

　　操作参数对闪速熔炼过程中砷分配行为有一定影响,不同工况下反应塔内气粒两相流动过程的数值仿真试验方案设计见表 3-7。在数值仿真试验方案设计中,保持配料参数与基准工况一致,分别选取工艺风富氧浓度、吨矿耗氧量、工艺风风速与分散风速度 4 个主要操作参数的三个典型因素水平,采用正交试验设计的方法,得到仿真试验工况条件见表 3-8。

表 3-7　正交试验操作参数设定值

水平	因素			
	A:工艺风富氧浓度/%	B:吨矿耗氧量/(Nm³/t)	C:工艺风风速/(m/s)	D:分散风量/(Nm³/h)
1	67.5	138	80	2969
2	75	150	90	3181
3	82.5	162	100	3393

表 3-8 数值仿真正交试验方案

试验号	因素			
	A	B	C	D
ot1	1(67.5)	1(138)	1(80)	1(2969)
ot2	1	2(150)	2(90)	2(3181)
ot3	1	3(162)	3(100)	3(3393)
ot4	2(75)	1	2	3
ot5	2	2	3	1
ot6	2	3	1	2
ot7	3(82.5)	1	3	2
ot8	3	2	1	3
ot9	3	3	2	1

为方便描述操作参数对砷分配行为的影响，定义砷进入熔体相与气相之比 L 如下：

$$L = \frac{进入熔体的砷}{进入气相的砷} \tag{3-21}$$

采用极差分析法来确定各因素(操作参数)对试验指标 L 值的影响主次关系。依据仿真计算得到的各工况下的 L 值(表 3-9)，计算后可得到各因素在不同水平 i(i=1、2、3)上影响试验指标 L 值的平均效应值 k_i 及相应的极差 R，见表 3-10。

表 3-9 L 值的数值仿真试验结果

项目	试验号								
	ot1	ot2	ot3	ot4	ot5	ot6	ot7	ot8	ot9
L 值	1.246	1.161	1.161	1.296	1.318	1.273	1.371	1.369	1.214

表 3-10 极差分析表

因素	k_1	k_2	k_3	R
A	1.189	1.296	1.318	0.129
B	1.304	1.283	1.216	0.088
C	1.296	1.224	1.283	0.072
D	1.259	1.268	1.275	0.016

由各因素对应极差的排列顺序可以看到，四大操作参数影响砷分配行为的主次关系为：工艺风富氧浓度＞吨矿耗氧量＞工艺风风速＞分散风量。

将试验指标 L 随各因素变化的关系整理如图 3-12 所示，各操作参数对砷分配行为的主要影响具有如下特点：

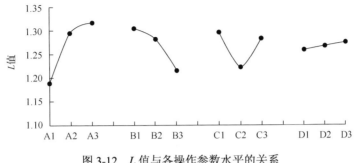

图 3-12　L 值与各操作参数水平的关系

1) 工艺风富氧浓度对砷分配行为的影响较大，且随着工艺风富氧浓度的升高，砷进入熔体的比例增加；但当富氧浓度超过 75% 时，它的进一步提升对提高砷进入熔体比例的作用不大。这是因为当富氧浓度升高时，将有利于加快硫砷铜矿 Cu_3AsS_4 的氧化脱砷、Fe_3O_4 的形成，从而有利于促进中间产物 As_4O_6 的进一步氧化，形成 $FeAsO_4$ 并进入至熔体中。

2) 吨矿耗氧量对砷分配行为也有着较大的影响，且随着吨矿耗氧量的增加，砷进入熔体的比例减小。这是因为当氧浓不变、吨矿耗氧量增加时，意味着喷入炉内的气体量增加，导致中间产物 As_4O_6 的浓度下降，从而使 $FeAsO_4$ 的生成速率降低，使进入熔体的砷减少。

3) 随着工艺风风速的上升，砷进入熔体的比例呈先减小后增大的规律。这是因为随着工艺风风速的上升，工艺风的动能是呈二次增加的，其增加速率远快于工艺风风速。在小的工艺风风速下，工艺风的拢聚作用急剧减弱，颗粒间的距离增大，已燃颗粒对未燃颗粒的加热作用减弱，精矿出现着火延迟，而在大工艺风风速下，工艺风的拢聚作用急剧增强，颗粒过于集中，气粒混合不均匀，同样出现精矿着火延迟。当精矿着火延迟时将导致砷向熔体转移的比例增加。

4) 分散风量对砷分配行为的影响较小，随着分散风量的增大，砷进入熔体的比例增加。这是因为分散风量的增加，会使精矿在炉内的分散程度增大，有利于硫砷铜矿 Cu_3AsS_4 的氧化脱砷、Fe_3O_4 的形成，使砷以 $FeAsO_4$ 的形式进入至熔体中。

适当调整熔炼过程操作参数可以在一定范围内改变砷在熔体与烟气两相之间的分配比例。依据正交试验结果，当操作参数组合方案为：工艺风富氧浓度 82.5%、吨矿耗氧量 138Nm³/t、工艺风风速 80m/s、分散风量 3393Nm³/h，可使砷在悬浮熔炼过程中更多地向熔体中转移（下文中将这一工况称为优化工况）。对基准工况与优化工况仿真结果的比较如下：

(1) Cu_3AsS_4 和 As_2O_3 变化过程仿真结果的比较与分析

如图 3-13 所示，优化工况下，由于精矿喷嘴附近的温度、氧浓较高，因此 Cu_3AsS_4 的反应速率高于基准工况下结果。但从 As_2O_3 变化过程来看（图 3-14），两个工况下，烟灰中的 As_2O_3 在距离塔顶 1m 内的区域均已完全挥发，因此操作参数对 As_2O_3 的挥发过程影响不大。

(2) As_4O_6 变化过程仿真结果的比较与分析

增大工艺风富氧浓度，减少吨矿耗氧量，对 As_4O_6 的浓度分布与浓度变化影响显著。

可以看到，在距离塔顶 1.25m 以内的区域，优化工况下 As₄O₆ 的浓度也较高，尤其是在距离反应塔顶 0.75m 的区域内，优化工况下 As₄O₆ 的生成速率明显大于基准工况(图 3-15)。

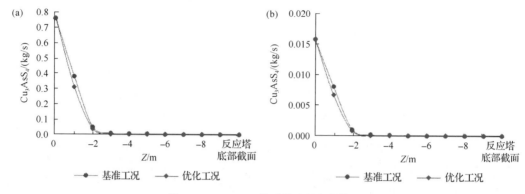

图 3-13　Cu₃AsS₄ 的质量流量变化趋势

(a)两工况下 Cu₃AsS₄ 质量流量变化趋势；(b)两工况下 Cu₃AsS₄ 质量分数变化趋势

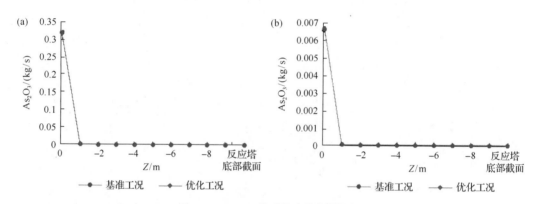

图 3-14　As₂O₃ 的质量流量变化趋势

(a)两工况下 As₂O₃ 质量流量变化趋势；(b)两工况下 As₂O₃ 质量分数变化趋势

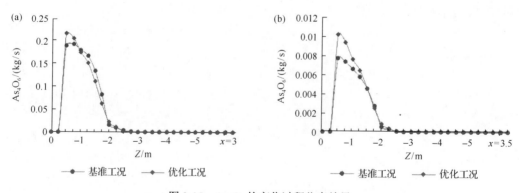

图 3-15　As₄O₆ 的变化过程仿真结果

(a)两工况下 As₄O₆ 质量流量变化；(b)两工况下 As₄O₆ 质量分数变化

(3)FeAsO₄ 和 AsO 变化过程仿真结果的比较与分析

图 3-16、图 3-17 是两工况下 FeAsO₄ 和 AsO 生成过程的仿真结果。在各种因素的共

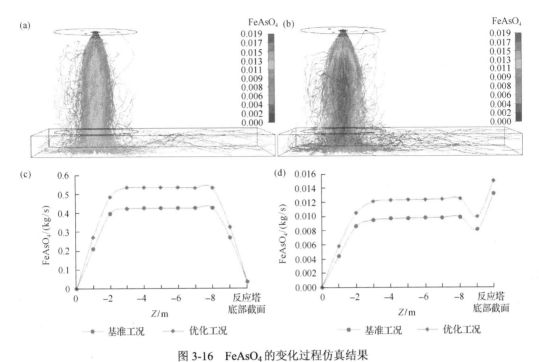

图 3-16　FeAsO₄ 的变化过程仿真结果

(a)基准工况 FeAsO₄ 生成过程仿真结果；(b)优化工况 FeAsO₄ 生成过程仿真结果；(c)两工况下 FeAsO₄ 质量流量变化趋势；
(d)两工况下 FeAsO₄ 质量分数变化趋势

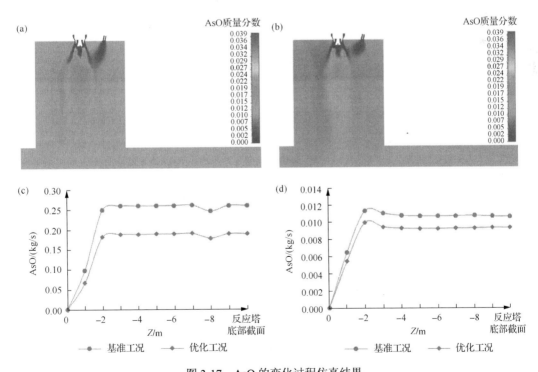

图 3-17　AsO 的变化过程仿真结果

(a)基准工况 AsO 的变化过程仿真结果；(b)优化工况 AsO 的变化过程仿真结果；(c)两工况下 AsO 质量流量变化趋势；
(d)两工况下 AsO 质量分数变化趋势

同作用下，优化工况下 $FeAsO_4$ 的生成量明显高于基准工况，而 AsO 的生成量则低于基准工况，表明在调整操作参数之后，进入熔体相中的砷比例增加，而进入气相的砷量相应减少。

3.3 专家系统与数学统计方法

3.3.1 专家系统理论基础

目前，国内重金属冶炼行业主要以人工方式对砷和其他有毒有害元素在冶炼过程中的流向进行跟踪和统计，并且对其在各产物中含量的采样化验结果进行人工审计和分析，继而得到这些元素在各个环节和产物中的分布情况。这样的人工操作未能实现物流审计工作的自动化，存在工作量大、难以实现持续审计的问题，不能实现污染物流向和分布的预测。开发一个具有开放体系结构、易扩充、易维护、具有良好人机交互界面的动态解析系统，用计算机代替人工可为企业在闪速炼铜中全过程监管砷污染物的流向提供科学、可靠的手段，实现砷元素的准确审计，有利于加强当前铜冶炼行业砷污染的监管，同时可检测冶炼操作的规范性，实现工艺过程问题的诊断。

依据闪速炼铜砷污染源动态解析系统的总体目标，对该系统中所涉及的入炉物料、工艺操作参数及出炉产物等数据，采用结构化分析方法进行需求分析和数据流向分析，在 SQL Server 2012 中实现采样数据、解析模型、系统参数等数据库的设计，结合经验统计解析建模，按照统一建模语言 UML 采用 C#编程语言在 Visual Studio 2010 中实现系统的构建，流程图如图 3-18 所示。

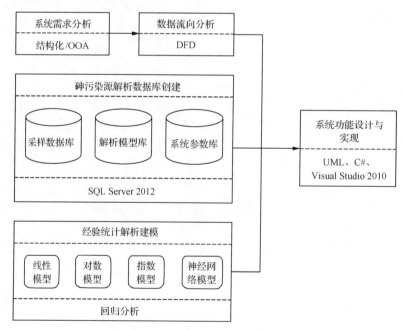

图 3-18　系统构建与实现流程图

3.3.2　专家系统设计与实现过程

　　数据库是闪速炼铜砷污染源动态解析系统后台，存储着闪速熔炼、吹炼、精炼等整个工艺过程的所有信息，在系统中有着重要的地位。数据库的设计与实现能为整个解析系统提供稳定高效的后台数据支持，同时也更好地支持应用程序的可维护性、可伸缩性和可扩展性[114]。

　　针对闪速炼铜砷污染源动态解析系统中模型与系统运行需求，对该系统中所涉及的入炉物料、工艺操作参数及出炉产物等数据采用结构化分析方法进行需求分析，生成详细需求规格说明书和数据字典。依据详细需求说明，进行数据库概念结构设计、逻辑结构设计与物理结构设计，采用 SQL Server 实现数据库设计，技术路线如图 3-19 所示。

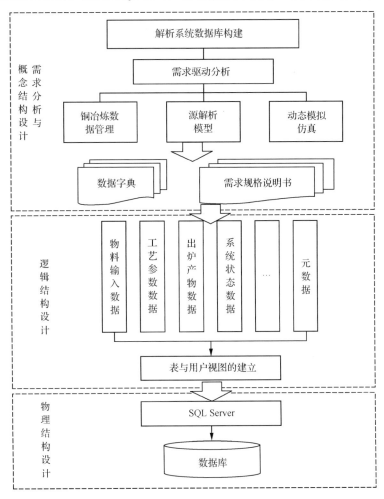

图 3-19　数据库构建技术路线

　　将需求分析中用户需求抽象为信息结构(概念模型)的过程即是概念结构设计[115]。根据系统需求分析，采用统一建模语言工具设计物料、工艺操作及产物三个实体的属性及其之间的联系，用 E-R 图表示为如图 3-20 所示。

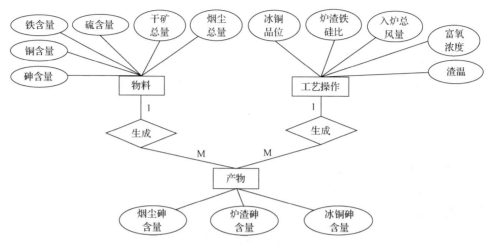

图 3-20　数据库概念模型图

将概念设计所得概念模型转换成与 SQL Server 所支持的数据模型相符合的逻辑结构即为逻辑结构设计[116]。逻辑模型采用关系模型，根据 E-R 图生成关系模型，见表 3-11～表 3-15，对该系统中所涉及的项目信息、入炉物料、工艺操作参数、出炉产物及系统状态等数据建立数据表。

表 3-11　项目资料表结构

序号	字段名称	字段代码	字段类型	字段长度	值域	约束条件	备注
1	项目 ID	pID	Int	10	>0	M	主键
2	项目名称	project_name	Char	30	非空	M	
3	组织单位	organizational_unit	Char	20	非空	M	
4	主持单位	host_unit	Char	20	非空	M	
5	项目负责人	project_leader	Char	10	非空	M	
6	项目起始时间	start_time	Date	10	非空	M	
7	项目结题时间	stop_time	Date	10	非空	M	
8	项目简介	project_introduction	Char	300	非空	M	

表 3-12　入炉物料数据表结构

序号	字段名称	字段代码	字段类型	字段长度	小数位数	值域	约束条件	备注
1	入炉物料 ID	rID	Int	10		>0	M	主键
2	干矿总量	dry_ore	Double	10	6	>0	M	
3	铜含量	copper_content	Double	10	8	>0	M	
4	铁含量	iron_content	Double	10	8	>0	M	
5	硫含量	sulfur_content	Double	10	8	>0	M	
6	砷含量	as_content	Double	10	8	>0	M	
7	烟尘总量	soot_total	Double	10	8	>0	M	
8	烟尘砷含量	soot_as_content	Double	10	8	>0	M	

表 3-13　工艺操作参数数据表结构

序号	字段名称	字段代码	字段类型	字段长度	小数位数	值域	约束条件	备注
1	工艺参数 ID	gID	Int	10		>0	M	主键
2	冰铜品位	matte	Double	10	6	>0	M	
3	炉渣铁硅比	iron_silicon_ratio	Double	10	8	>0	M	
4	渣温	temp	Double	7	2	>0	M	
5	入炉总风量	air_volume	Double	8	2	>0	M	
6	富氧浓度	O₂_concentration	Double	5	2	>0	M	

表 3-14　出炉产物数据表结构

序号	字段名称	字段代码	字段类型	字段长度	小数位数	值域	约束条件	备注
1	出炉产物 ID	sID	Int	10		>0	M	主键
2	冰铜砷含量	copper_as_content	Double	8	5	>0	M	
3	炉渣砷含量	slag_as_content	Double	8	5	>0	M	
4	烟尘砷含量	smoke_as_content	Double	8	5	>0	M	
5	入炉物料 ID	rID	Int	10		>0	M	外键
6	工艺参数 ID	gID	Int	10		>0	M	外键

表 3-15　系统状态表属性结构描述表

序号	字段名称	字段代码	字段类型	字段长度	小数位数	值域	约束条件	备注
1	ID 号	ID	Int	10		>0	M	
2	入炉物料 ID	rID	Int	10		>0	M	
3	线性模型	Linear	Int	2		非空	M	0 表示模型未建好，1 表示模型已建好
4	对数模型	Logarithm	Int	2		非空	M	0 表示模型未建好，1 表示模型已建好
5	指数模型	Exponent	Int	2		非空	M	0 表示模型未建好，1 表示模型已建好
6	神经网络模型	Neural	Int	2		非空	M	0 表示模型未建好，1 表示模型已建好

在逻辑结构指导下，基于 SQL Server，进行数据库物理存取，生成完整的闪速炼铜砷污染源动态解析信息数据库，实现数据安全可靠、高效的存储与管理，为系统开发的功能实现提供数据支持。

3.3.3　专家系统中的常用数学统计方法

经验统计解析建模可以找出入炉物料及工艺参数与产物中砷含量之间的关系，利用解析出的规律模型可实现对闪速炼铜过程中砷流向的预测及工艺操作过程问题的诊断。系统基于铜冶炼的先验知识，考虑模型的有效性、可实现性，选用线性模型、对数模型、指数模型和神经网络模型四种模型，利用采样数据进行模型训练拟合构建。

1. 线性模型

线性模型是数理统计中一类重要的模型，其中的"线性"是指待估参数与应答变量间为线性关系[117]。多元线性回归分析作为一种经典的线性回归方法，是通过一组预测变量（自变量）来预测一个或多个响应变量（因变量）的多元统计分析方法，使得因变量的预测值及其变化趋势能够被管理者用来作为决策支持的重要理论依据[118]。在实际铜冶炼领域，考察多个因变量与多个自变量间相互依赖关系的问题大量存在，如在入炉总风量、渣温、入炉物料等生产条件约束下的各冶炼产物中砷的数量估算问题，如图3-21所示。多元线性回归模型基本原理如下：

设因变量 η 与自变量 $x_1, x_2, \cdots, x_p$ 之间满足

$$\eta = \beta_0 + \beta_1 x_1 + \beta_2 x_2 + \cdots + \beta_p x_p + \varepsilon$$
$$\varepsilon \sim N(0, \sigma^2)$$

(3-22)

式中，$\beta_0, \beta_1, \beta_2, \cdots, \beta_p$ 均为待定的未知参数，称为回归参数。

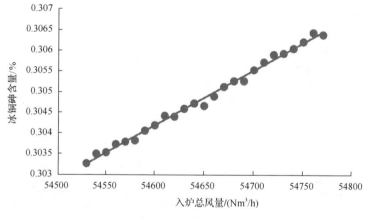

图 3-21　线性模型

2. 对数模型

对数函数中因变量随自变量的增大而变化得越来越缓慢，结合铜冶炼的先验知识与实际情况，入炉物料和工艺参数中存在与出炉产物数据呈对数关系的变量，如干矿总量与产物中砷含量，系统有必要采用对数模型（图3-22）。对数线性回归模型：$\ln Z = \beta_0 + \beta_1 \ln X + \beta_2 \ln Y + \varepsilon$，自变量的系数 β 测度是给定自变量的百分比变化所引起的因变量的百分比变化[119]。

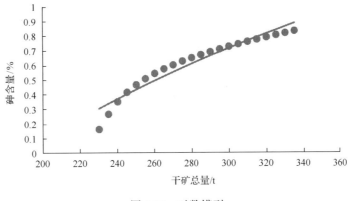

图 3-22　对数模型

3. 指数模型

指数函数 $y=a^x$（$a>0$ 且 $\alpha \neq 1$）（$x \in \mathbf{R}$）是数学中重要的函数，当 $a>1$ 且自变量大于零时，因变量随自变量的增大而迅速攀升。在铜闪速熔炼过程中，富氧浓度与冰铜砷含量、富氧浓度与烟尘砷含量、入炉物料铜含量与冰铜砷含量等关系都接近指数变化，有必要选用指数回归模型进行曲线模拟，如图 3-23 所示。

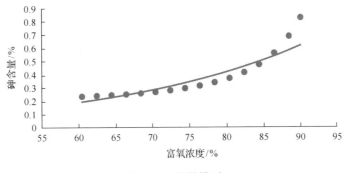

图 3-23　指数模型

4. 神经网络模型

人工神经网络系统是由众多神经元可调的连接权值连接而成，具有大规模并行处理、分布式信息存储、良好的自组织自学习能力等特点[120]。其特有的非线性适应性信息处理能力，克服了传统人工智能方法对于直觉，如模式、非结构化信息处理方面的缺陷，使之在模式识别、组合优化、预测等领域得到成功应用[121]。以人工神经网络为代表的智能计算在未来的研究中将越来越倾向于实用，这也为发展基于人工神经网络的闪速炼铜生产预测与诊断系统提供了新的契机。人工神经网络是基于输入到输出的一种直觉性反射，适合于发挥经验知识的作用、进行浅层次的经验推理，可以实现铜闪速熔炼过程中砷污染来源的准确解析，为砷污染防治提供全过程监管的科学依据。

3.3.4　系统功能设计与实现

为实现污染物流向和分布预测、工艺过程问题的诊断，参考《铜、镍、钴工业污染物排放标准》《清洁生产标准铜冶炼业》《危险废物鉴别标准》《固体废物铜、锌、铅、镉的测定　原子吸收分光光度法》等资料，采用 C#编程语言在 Visual Studio 2010 环境中开发实现闪速炼铜砷污染源动态解析系统。系统包括项目管理、数据管理、源解析、可视化仿真四个子系统，可实现铜闪速冶炼过程中进/出料等相关数据的存储、编辑与查询，砷流向拟合模型的建立，砷流向的测算与汇总审计，以及工艺异常与否的自动诊断。

1. 项目管理

项目管理模块可新建、保存、浏览项目，对数据库中已有项目进行编辑、修改，展示项目名称、组织单位、主持单位、项目负责人、项目起止时间、项目简介及项目图片等信息，方便项目管理及交流，界面如图 3-24 所示。

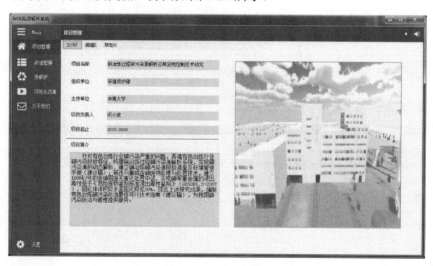

图 3-24　项目管理模块

2. 数据管理

数据管理模块包括：数据录入与导出、分析可视化等功能，如图 3-25 所示。数据管理实现对入炉物料、工艺参数、冰铜砷含量、炉渣砷含量、烟尘砷含量等采样数据的基本操作功能，包括录入、导出、编辑、删除和查询，等等。同时，可选择数据进行统计展示，如选择自变量如干矿总量、入炉总风量或富氧浓度等，对因变量粗铜、炉渣、烟尘中砷含量绘制散点图，展示砷含量随入炉物料或工艺参数的变化情况；绘制三种产物形式——粗铜、炉渣和烟尘中砷含量的饼状图，展示不同条件下砷的状态分布，实现对砷流向的汇总审计。

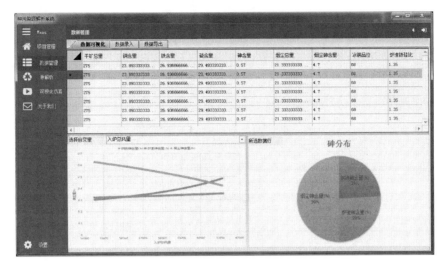

图 3-25　数据管理模块

3. 源解析

　　源解析模块实现了预测模型的建立，提供包括线性模型、对数模型、指数模型和神经网络模型四种建模方法，用于以铜冶炼各环节采样数据为原始数据，根据数据库中系统参数表里存储的物料输入输出对应关系，建立用户选定类型的砷污染源解析数学模型。借助已建立的砷污染源解析数学模型，输入物料参数、冶炼温度、氧气浓度等冶炼条件参数，完成各环节各物相砷污染物的定量计算与自动汇总统计，实现砷流向预测，对解析结果进行工艺异常与否的自动诊断，界面如图 3-26 所示。

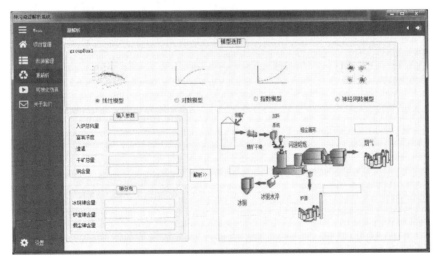

图 3-26　源解析模块

4. 铜冶炼过程可视化

　　为更形象直观地展示闪速炉炼铜的过程，可视化模块置入了铜冶炼的模拟视频，如

图 3-27 所示。依据现有闪速炼铜过程砷污染源传输特征，基于 Paraview、CFD Post 等仿真软件模拟冶炼过程中多个关键参数的变化情况，采用 3ds Max、CityEngine 等三维建模软件制作反应塔、烟道、余热锅炉等冶炼设备及厂房、道路、树木等外部环境，运用 Unity Engine、Fraps、Sony Vegas 等软件完成模拟视频的录制和剪辑[122]，展现了闪速炉炼铜的工艺流程、冶炼过程中砷及部分其他物质在反应塔内的分布及流向情况。

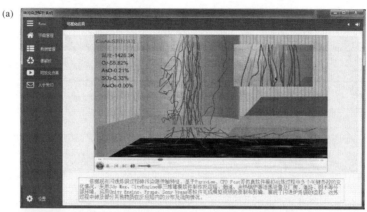

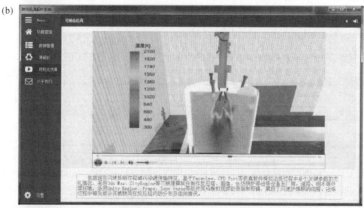

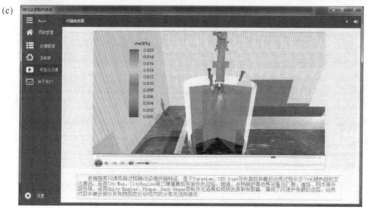

图 3-27　反应塔内可视化模块

(a)砷颗粒轨迹；(b)温度分布；(c)砷浓度分布

第4章　铜冶炼过程砷污染源排放清单

4.1　污染源分类分级及排放清单框架

4.1.1　污染源分类分级

按照我国现有行业类别，污染源主要分为固定燃烧源、工艺过程源、道路移动源、非道路移动源、开放扬尘源、溶剂使用源、废弃物处理源和油气储运源等。砷污染源除岩石风化、火山爆发等自然原因外，主要来自砷和含砷金属的开采、冶炼，以及用砷或砷化合物作原料的玻璃、颜料、农药、纸张、木材、制革、纺织、化工、陶器的生产以及煤的燃烧等过程。

通过开展铜冶炼过程中砷污染源的分类分级工作可知，对铜冶炼过程中砷排放量产生影响的因素主要包括工艺种类、产品类别、原料类型、企业规模、末端治理技术和污染物的排放形态等，分类分级工作也主要从上述几个方面考虑。

1. 工艺种类

铜冶炼工艺主要分为火法冶炼和湿法冶炼两大类，其中火法冶炼产量占90%以上[123]。

(1)火法冶炼工艺

铜火法冶炼过程中，对污染物产生及排放起重要影响的因素主要在熔炼过程，不同的熔炼工艺将产生不同浓度的污染物，从而影响后续处理设施的处理效率。另外，不同的冶炼工艺所产出的冶炼渣成分不同，某些污染元素的产排污情况也不同。

由于其他工序(吹炼、火法精炼和电解精炼)对铜产品的产排污强度影响较小，对铜火法冶炼企业，一般主要以熔炼工艺的不同进行工艺分类，对吹炼工艺仅按常规(转炉)吹炼及闪速吹炼工艺分类。

铜火法熔炼工艺主要分为以下两类。

1)闪速熔炼：熔炼炉为闪速炉、合成炉。

2)熔池熔炼：熔炼炉炉型主要有白银炉、奥斯麦特炉、艾萨炉、水口山熔炼炉及金峰炉等。

(2)湿法冶炼工艺

湿法冶炼工艺主要为：浸出(堆浸)—萃取(反萃取)—电积工艺。

2. 产品类别[124]

铜冶炼行业主要产品为粗铜和精铜，精铜包括电解铜和电积铜，少数企业以阳极铜作为产品。

粗铜主要是以铜精矿为原料,经过火法熔炼、吹炼后的产品,粗铜中铜含量为 99% 左右,并含有其他杂质。以粗铜为原料,经过火法精炼后铸成阳极板,将阳极板直接送电解系统生产阴极铜(电解铜),获得产品为精铜。阳极板(铜)经电解精炼后,精铜中铜含量为不低于 99.95%。少数企业没有电解系统,以阳极铜为产品。

部分企业采用湿法冶炼工艺,从低品位铜矿、难选氧化矿、矿山含铜废石及金属冶炼固体废物中提取电积铜,主要生产地区为山西、安徽、江西、黑龙江、云南、湖北和新疆。

铜冶炼行业主要副产品为硫酸,在火法冶炼过程中,硫化铜矿冶炼产生的烟气通常含有一定浓度的二氧化硫,为满足环境保护和资源回收利用的要求,首选的回收产品就是工业硫酸。

3. 原料类型

铜冶炼业的原料比较复杂,大中型铜冶炼企业一般以铜精矿为主要原料,部分企业同时使用少量废杂铜。再生铜冶炼企业的主要原料为不同品位的废杂铜,也使用部分含金属铜废料,如废线路板等。小型冶炼企业的原料比较复杂,有的使用铜精矿为原料,也有的使用含铜废料、含铜冶炼渣、含铜废液处理污泥等,还有使用其他冶炼厂中间产品铜锍(冰铜)为原料的企业。

4. 企业规模

对我国铜冶炼企业根据产品产量划分生产规模。
1)大型企业:精炼铜或粗铜产量大于 10 万 t/a(含 10 万 t/a)。
2)中型企业:精炼铜或粗铜产量为 5 万~10 万 t/a(含 5 万 t/a)。
3)小型企业:精炼铜或粗铜产量小于 5 万 t/a。

5. 末端治理技术

(1) 废气[125]

目前处理铜冶炼生产过程所产生的工业废气的主要治理技术涉及工业颗粒物和烟尘治理技术及 SO_2 治理技术。

工业颗粒物和烟尘治理技术包括干式法和湿式法。干式法适用范围广,通常使用电收尘器、滤袋收尘器、沉降室等设备。湿式法一般净化的含尘烟气湿度较大,在治理精矿干燥烟气时使用频率较高。

不同 SO_2 浓度的冶炼烟气、尾气将采用不同的治理技术,可通过接触法(SO_2 浓度 3.5%以上)及吸收法(SO_2 浓度 3.5%以下)进行治理。工艺不同采用的 SO_2 治理技术也不同,闪速熔炼和熔池熔炼工艺由于烟气中 SO_2 浓度较高,可采用两转两吸的制酸装置,能够提高硫总捕收率。

(2) 废水

在废水治理方面,国内规模较大的企业基本能遵循清洁生产原理,从废水产生源头削减工业废水，尽可能实现清污分流，提高工业用水循环率，从而减少废水的产生。铜冶炼企业一般会建有厂内工业废水处理站，采用石灰中和法处理所产生的工业废水，有的企业还通过中和法+硫化钠的方式处理废水，以保证达标排放。

（3）固体废物

铜冶炼排放的固体废物包括：冶炼渣、浸出渣、酸泥（砷滤饼、铅滤饼）、阳极泥、水处理污泥等。其处理技术分为两个方向：第一，资源化再利用，即从废渣中提取有价金属或者综合利用；第二，根据渣的性质、种类、组成，经鉴别确定，分清一般固体废物和危险固体废物，分别进行合理的处理或处置。

6. 污染物的排放形态

综合考虑对铜冶炼过程中砷排放量产生影响的因素，将铜冶炼过程中的砷污染排放源分类，见表 4-1。

表 4-1 铜冶炼过程中的砷污染排放源分类分级表

分类依据	类型				
工艺种类	熔池熔炼—吹炼—火法精炼—电解精炼	闪速熔炼—闪速吹炼—火法精炼—电解精炼	闪速熔炼—吹炼—火法精炼—电解精炼	熔池熔炼—吹炼—火法精炼	熔池熔炼—吹炼
	火法精炼—电解精炼	电解精炼	火法精炼	湿法冶炼（堆浸—萃取—电积）	
原料类型	铜精矿	粗铜、杂铜	阳极铜	铜矿石或含铜采矿废石	
企业规模	大型		中型	小型	
产品类别	粗铜		精铜	阳极铜	
末端治理技术	袋式收尘	旋风收尘	电收尘	烟气脱硫	碱液脱硫	酸雾净化塔	石灰乳中和+硫化法	生化处理
污染物排放方式	废气		废水	固废	

4.1.2 排放清单框架

铜冶炼过程砷污染源排放清单基本框架，包括铜冶炼企业基本信息（企业名称、产品、原料、工艺、产品）、基准年产量、废水砷排放量、废气砷排放量、固体废物含砷量等，详见表 4-2。

表 4-2 砷污染源排放清单框架

省份	企业名称	企业地址	经度	纬度	原料	生产工艺	产品	XX 年实际产量/t	末端治理技术	废气砷污染物排放量/t	废水砷污染物排放量/t	固体废物中砷含量/t
山东	XX 铜冶炼有限责任公司	…	…	…	铜精矿	熔池熔炼—吹炼	粗铜	20000	静电除尘+烟气制酸	…	…	…

4.2　砷污染源排放核算方法

4.2.1　产排污系数介绍

1. 产排污系数定义

产排污系数包括产污系数及排污系数，主要用于计算产污或排污过程所产生的污染物量，其定义如下：

1) 产污系数，即污染物产生系数，是指在典型工况生产条件下，生产单位产品(或使用单位原料等)所产生的污染物量。

2) 排污系数，即污染物排放系数，是指在典型工况生产条件下，生产单位产品(或使用单位原料等)所产生的污染物经末端治理设施削减后的残余量，或生产单位产品(使用单位原料)直接排放到环境中的污染物量。当污染物直接排放时，排污系数与产污系数相同。

2. 国内产排污系数研究现状及应用

我国最早的、较为系统的产排污系数手册是由原国家环境保护局科技标准司于 1996 年出版的《工业污染物产生和排放系数手册》。随着我国经济和技术水平的飞速发展，产品的生产工艺及污染物防治措施等都有了很大的改进，原有的产排污系数已经严重失真，使用原有产排污系数将不能很好的反映企业真实的情况。为了矫正产排污系数的准确度，优化产排污系数的应用范围，2006 年 10 月，国务院委托相关单位开展了第一次全国污染源普查工作。

在全国污染源普查的背景下，中国环境科学研究院组织开展了全国污染源普查工业污染源产排污系数核算，并以此工作为基础编写了《第一次全国污染源普查工业源产排污系数手册》，产排污系数再一次得以系统化开发。产排污系数法是第一次全国污染源普查的重要核算方法之一，根据普查的范围和要求，产排污系数涵盖了工业源、生活源和集中式污染治理设施三大类的空气污染物、水污染物、固体废物共 28 种污染物指标。

2012 年环保公益项目《重金属排放量核查核算与环境统计技术体系研究》通过物料衡算、系数核算等方式，研究形成了基于工艺过程的重点行业废水、废气重金属产排污系数，对第一次全国污染源普查工业源产排污系数进行了补充及完善，为"十二五"重金属污染总量控制提供了数据支持和技术保障。

3. 铜冶炼行业重金属产排污系数

参考《第一次全国污染源普查工业源产排污系数手册》和《重金属排放量核查核算与环境统计技术体系研究》等研究成果，列出铜冶炼行业重金属产排污系数表(表 4-3)，为铜冶炼行业砷污染排放量核算提供计算参考的依据。

表 4-3　铜冶炼行业重金属产排污系数表

产品名称	原料名称	工艺名称	规模等级	污染物指标	单位	产污系数	末端治理技术名称	排污系数
精炼铜(阴极铜)	铜精矿	闪速熔炼—吹炼—火法精炼—电解精炼	所有规模	工业废水量	g/t 产品	24.65	中和法+化学沉淀法	24.33
				化学需氧量	g/t 产品	5456	中和法+化学沉淀法	1496
				镉	g/t 产品	125.1	中和法+化学沉淀法	1.711
				铅	g/t 产品	80.89	中和法+化学沉淀法	3.761
				砷	g/t 产品	1163	中和法+化学沉淀法	7.059
				…	…	…	…	…
		熔池熔炼—吹炼—火法精炼—电解精炼	所有规模	工业废水量	g/t 产品	29.56	中和法+化学沉淀法	29.22
				化学需氧量	g/t 产品	1259	中和法+化学沉淀法	773.2
				砷	g/t 产品	1157	中和法+化学沉淀法	3.478
				…	…	…	…	…
…	…	…	…	…	…	…	…	…

4.2.2　铜冶炼企业数据整理

本书选择以 2017 年为基准年，对全国铜冶炼行业环境统计数据进行分类分级整理。

1. 有效性筛选

对 2017 年全国铜冶炼行业环境统计数据中的所有企业进行有效性筛选，筛除再生铜冶炼企业及信息严重缺失无法定性甄别企业。经筛选后，2017 年全国铜冶炼行业有效统计数据共包含 42 家原生铜冶炼企业，实际产量约占当年全国精炼铜(电解铜)产量的 67%，其在各省的分布情况见图 4-1。

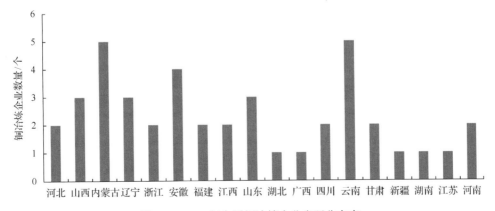

图 4-1　2017 年全国铜冶炼企业省际分布表

2. 四同组合分类

梳理各个铜冶炼企业的产品、原料、生产工艺、规模等四同组合信息并整理，列出企业四同组合表，如表 4-4。

表 4-4　2017 年全国铜冶炼企业四同组合表(环境统计)

省份	企业名称	产品	原料	生产工艺	规模
1	1-1	粗铜	铜精矿	熔池熔炼—吹炼	小型
	1-2	精炼铜(阴极铜)	阳极铜	电解精炼	大型
2	2-1	精炼铜(阴极铜)	铜精矿	熔池熔炼—吹炼—火法精炼—电解精炼	中型
	2-2	精炼铜(阴极铜)	铜精矿	熔池熔炼—吹炼—火法精炼—电解精炼	小型
	2-3	精炼铜(阴极铜)	粗铜	火法精炼—电解精炼	小型
3	3-1	粗铜	铜精矿	熔池熔炼—吹炼	中型
	3-2	精炼铜(阴极铜)	铜精矿	熔池熔炼—吹炼—火法精炼—电解精炼	大型
	3-3	精炼铜(阴极铜)	铜精矿	熔池熔炼—吹炼—火法精炼—电解精炼	大型
	3-4	精炼铜(阴极铜)	粗铜	火法精炼—电解精炼	小型
...	...	...	...	...	...

3. 数值修正

针对部分典型企业开展砷污染物排放量的实际监测，同时组织与典型企业、行业专家的调研与座谈，对 2017 年环境统计数据等进行再次修正，形成 2017 年铜冶炼企业产品产量及相关污染物产排数据。

4.2.3　排放量具体核算方法

基于对全国铜冶炼行业环境统计数据的整理和分析，并结合典型企业实测数据，分别对企业排放的废气、废水和固体废物中的砷污染物排放量进行核算。

1. 废气

通过对铜冶炼企业废气中排放的砷及其化合物在烟尘中的含量占比进行实测，按照企业产品、原料、工艺、规模及末端治理技术等不同组合情况，给出企业废气排放烟尘中砷含量百分比，即铜冶炼过程排放烟尘中的砷含量系数。根据各个铜冶炼企业的烟尘排放量环境统计数据，利用该砷含量系数对各铜冶炼企业废气中的砷污染物排放量统计数值进行折算。

使用铜冶炼行业重金属产排污系数对废气中砷污染物排放量进行核算。根据企业四同组合情况，从铜冶炼行业重金属产排污系数表中选取相应的砷的产排污系数，应用该产排污系数和企业年产量计算得出各个企业废气中砷污染物排放量计算数值。

　　将通过上述两种方式获得的废气中砷污染物排放量统计数值与砷污染物排放量计算数值进行核对，校核计算数值的准确性和有效性，得到铜冶炼行业废气中砷污染排放清单。

2. 废水

　　使用铜冶炼行业重金属产排污系数对废水中砷污染物排放量进行核算。根据企业四同组合情况，从铜冶炼行业产排污系数表中选取相应的砷的产排污系数，应用该产排污系数和企业年产量计算得出各个企业废水中砷污染物排放量计算数值。

　　将全国各铜冶炼企业废水中砷污染物的排放量统计数据与砷污染物排放量计算数值进行核对，校核计算数值的准确性和有效性，获得铜冶炼行业废水中砷污染排放清单。

3. 固体废物

　　梳理全国铜冶炼企业的产品、原料、工艺和规模等情况，按照各企业主要的生产工序和固体废物中砷污染物排放特征对铜冶炼企业进行细分。针对每种工艺类别分别选取典型企业，并通过收集、整理典型企业环评及工程设计文件，分析其物料平衡及砷元素平衡，最后计算出针对每种工艺类别的铜冶炼企业产生的一般固体废物、危险废物中砷元素的占比。

　　由于相同工序类别的企业具有同类的原料及产品，产排污环节基本一致，污染物排放特征较为相似，因此在核算中采用类比的方法，以典型企业固体废物中砷元素占比系数对同一工艺类别的企业进行固体废物砷含量折算。根据企业一般固体废物产生量和危险废物产生量的环境统计数值，利用一般固体废物和危险废物中砷元素占比系数分别对企业一般固体废物、危险废物中砷含量数值进行折算，获得铜冶炼行业固体废物中砷污染排放清单。

4.3　砷污染源排放核算

4.3.1　废气砷污染源排放核算

1. 环境统计数据折算

(1) 烟尘砷含量原始系数

　　根据企业产品、原料、工艺、规模及末端治理技术的组合情况，运用铜冶炼行业废气污染物产排污系数，通过烟尘排污系数与废气中砷排污系数的比值，给出企业废气烟尘中砷含量百分比，得出铜冶炼过程排放烟尘中原始砷含量系数表，见表4-5。

表 4-5　铜冶炼过程排放烟尘中砷含量原始系数表

产品名称	原料名称	工艺名称	规模等级	污染物指标	末端治理技术名称	烟尘中砷的比例/%
精炼铜（阴极铜）	铜精矿	闪速熔炼—吹炼—火法精炼—电解精炼	所有规模	砷	烟气制酸、过滤式除尘法、环境集烟直排	0.25
				砷	烟气制酸、过滤式除尘法、环境集烟脱硫	0.2
粗铜	铜精矿	熔池熔炼—吹炼	所有规模	砷	烟气制酸、过滤式除尘法、环境集烟直排	0.81
				砷	烟气制酸、过滤式除尘法、环境集烟脱硫	0.36
阳极铜	铜精矿	熔池熔炼—吹炼—火法精炼	所有规模	砷	烟气制酸、过滤式除尘法、环境集烟直排	0.8
				砷	烟气制酸、过滤式除尘法、环境集烟脱硫	0.35
精炼铜（阴极铜）	铜精矿	熔池熔炼—吹炼—火法精炼—电解精炼	所有规模	砷	烟气制酸、过滤式除尘法、环境集烟直排	0.8
				砷	烟气制酸、过滤式除尘法、环境集烟脱硫	0.35
精炼铜（阴极铜）	铜精矿	闪速熔炼—闪速吹炼—火法精炼—电解精炼	所有规模	砷	烟气制酸、过滤式除尘法、环境集烟脱硫	1
阳极铜	粗铜、杂铜	火法精炼	所有规模	砷	过滤式除尘法	4.4
精炼铜（阴极铜）	粗铜、杂铜	火法精炼—电解精炼	所有规模	砷	过滤式除尘法	4.4

（2）烟尘砷含量系数修正

分析各工艺类别砷污染物排放的特点，同时结合铜冶炼企业排放烟尘中砷及其化合物的实测数据以及专家咨询所征集的意见，对企业烟尘中砷含量系数进行调整，得到修正后铜冶炼过程排放烟尘中砷含量系数表，见表 4-6。

表 4-6　修正后铜冶炼过程排放烟尘中砷含量系数表

产品名称	原料名称	工艺名称	规模等级	污染物指标	末端治理技术名称	烟尘中砷的比例/%
精炼铜（阴极铜）	铜精矿	闪速熔炼—吹炼—火法精炼—电解精炼	所有规模	砷	烟气制酸、过滤式除尘法、环境集烟直排	0.25
				砷	烟气制酸、过滤式除尘法、环境集烟脱硫	0.2
粗铜	铜精矿	熔池熔炼—吹炼	所有规模	砷	烟气制酸、过滤式除尘法、环境集烟直排	0.43
				砷	烟气制酸、过滤式除尘法、环境集烟脱硫	0.36
阳极铜	铜精矿	熔池熔炼—吹炼—火法精炼	所有规模	砷	烟气制酸、过滤式除尘法、环境集烟直排	0.42
				砷	烟气制酸、过滤式除尘法、环境集烟脱硫	0.35

续表

产品名称	原料名称	工艺名称	规模等级	污染物指标		末端治理技术名称	烟尘中砷的比例/%
精炼铜（阴极铜）	铜精矿	熔池熔炼—吹炼—火法精炼—电解精炼	所有规模	废气	砷	烟气制酸、过滤式除尘法、环境集烟直排	0.42
					砷	烟气制酸、过滤式除尘法、环境集烟脱硫	0.35
精炼铜（阴极铜）	铜精矿	闪速熔炼—闪速吹炼—火法精炼—电解精炼	所有规模	废气	砷	烟气制酸、过滤式除尘法、环境集烟脱硫	0.2
阳极铜	粗铜、杂铜	火法精炼	所有规模	废气	砷	过滤式除尘法	0.4
精炼铜（阴极铜）	粗铜、杂铜	火法精炼—电解精炼	所有规模	废气	砷	过滤式除尘法	0.4

（3）使用砷含量系数进行折算

环境统计数据中大部分企业具有废气中的烟尘排放量统计数据。使用表 4-6 中铜冶炼过程排放烟尘砷含量系数对 2017 年环境统计数据中企业烟尘排放量进行折算，得出企业废气中砷污染物排放量统计数值，折算过程如表 4-7。

表 4-7　2017 年铜冶炼企业废气砷污染物排放量折算表（环境统计）

省份	企业名称	产品	2017 年产量/t	烟（粉）尘排放量/t	砷折算系数/%	废气砷排放量/t
1	1-1	精炼铜	66018	165.049 6	0.35	0.5777
	1-2	精炼铜	1062	4.67	0.4	0.0187
2	2-1	精炼铜	119900	222.5	0.35	0.7788
…	…	…	…	…	…	…

2. 排污系数法计算

根据企业产品、原料、生产工艺、规模等四同组合信息，从铜冶炼行业重金属产排污系数表中选取相应的企业废气污染物中砷排污系数，应用该砷排污系数计算得出企业废气中砷污染物排放量计算数值，计算结果见表 4-8。

表 4-8　2017 年铜冶炼企业废气砷污染物排放量计算表（排污系数法）

省份	企业名称	产品	2017 年产量/t	废气中砷排污系数/(g/t 产品)	废气中砷排放量/t
1	1-1	精炼铜	66018	8.65	0.571
	1-2	精炼铜	27978	8.65	0.242
	1-3	精炼铜	1062	1.113	0.00118
2	2-1	精炼铜	119900	8.65	1.037
	2-2	精炼铜	14919.01	1.113	0.0166
…	…	…	…	…	…

3. 数据校对

将 2017 年铜冶炼企业废气砷污染物排放量统计数值与废气砷污染物排污系数法计算数值进行对比，分析排污系数计算数值的可靠性和准确性。

2017 年全国铜冶炼行业环境统计有效数据共包含 42 家铜冶炼企业，结合排污系数计算数值共计得到有效对比数值 30 组，占比 71.4%。以环境统计折算数值、排污系数计算数值分别为坐标轴 x 轴、y 轴做散点分布图，如图 4-2 所示。

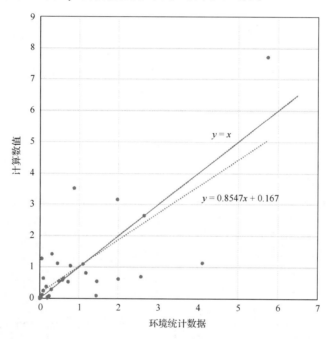

图 4-2　铜冶炼企业废气砷污染物排放量统计折算数值与排污系数计算数值散点分布图

对散点数据做线性相关性趋势分析，得线性函数：

$$y = 0.8547x + 0.167$$

式中，y 为排污系数计算数值；x 为环境统计折算数值。

该线性函数与理想线性函数 $y=x$（即：排污系数计算数值等于统计折算数值）吻合性较好，排污系数计算数值可靠性较高，可用于表达铜冶炼企业废气砷污染物排放量。

4. 排放清单整理

根据上述数据校对及分析过程，可归纳出铜冶炼企业废气砷污染排放量的计算方法。首先使用修正后铜冶炼过程排放烟尘中砷含量系数表，计算得出企业废气砷排放量统计折算数值，该折算数值即为铜冶炼企业废气砷污染物排放量。对于环境统计数据中少数无烟尘排放量数据的企业，则使用排污系数法计算数值做为企业的废气砷污染物排放量。综合以上方法计算获得的数值，整理出 2017 年铜冶炼企业废气砷污染物排放清单，详见表 4-9。

表 4-9   2017 年铜冶炼企业废气砷污染物排放清单(示例)

省份	企业名称	企业地址	经度	纬度	产品	原料	生产工艺	2017 年实际产量/t	废气砷污染物排放量/t
1	1-1	…	…	…	阴极铜	铜精矿	闪速熔炼—闪速吹炼—火法精炼—电解精炼	391477	1.18
2	2-1	…	…	…	阳极铜	铜精矿	熔池熔炼—吹炼—火法精炼	71 460	0.70
	2-2	…	…	…	粗铜	铜精矿	熔池熔炼—吹炼	69 000	0.72
3	3-1	…	…	…	阴极铜	铜精矿	熔池熔炼—吹炼—火法精炼—电解精炼	139 338	0.83
	3-2	…	…	…	阴极铜	铜精矿	熔池熔炼—吹炼—火法精炼—电解精炼	119 900	0.78
	3-3	…	…	…	粗铜	铜精矿	熔池熔炼—吹炼	72 683	0.65
…	…	…	…	…	…	…	…	…	…

4.3.2   废水砷污染源排放核算

1. 排污系数法计算

根据企业产品、原料、工艺、规模等四同组合信息，从铜冶炼行业重金属产排污系数表中选取相应的企业废水污染物中砷排污系数，应用该砷排污系数计算得出企业废水中砷污染物排放量计算数值，计算结果见表 4-10。

表 4-10   2017 年铜冶炼企业废水砷污染物排放量计算表(排污系数法)

省份	企业名称	产品	2017 年产量/t	废水砷排污系数/(g/t 产品)	废水砷排放量/t
1	1-1	精炼铜	150000	0.114	0.0171
2	2-1	精炼铜	66018	3.478	0.2296
	2-2	精炼铜	27978	3.478	0.0973
	2-3	精炼铜	1062	0.478	0.0005
3	3-1	精炼铜	119900	3.478	0.417
	3-2	精炼铜	14919.01	0.478	0.00713
…	…	…	…	…	…

2. 数据校对

环境统计数据中已有废水中砷排放量统计数据，即砷污染物排放量统计数值。将 2017 年铜冶炼企业砷污染物排放量统计数值与废水砷污染物排污系数法计算数值进行对比，分析排污系数计算数值的可靠性和准确性。

2017 年全国铜冶炼行业环境统计有效数据共包含 42 家铜冶炼企业，结合排污系数计算数值共计得到有效数值 29 组，占比 69%。以环境统计折算数值、排污系数计算数值分别为坐标轴 x 轴、y 轴做散点分布图，如图 4-3 所示。

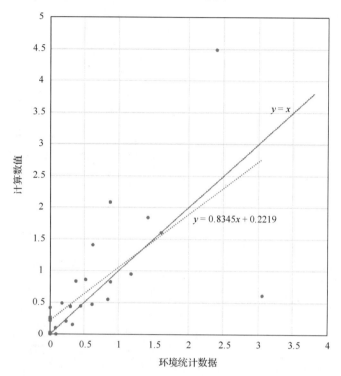

图 4-3　铜冶炼企业废水砷污染物排放量统计数值与排污系数计算数值散点分布图

对散点数据做线性相关性趋势分析，得线性函数：

$$y = 0.8345x + 0.2219$$

式中，y 为排污系数计算数值；x 为环境统计折算数值。

该线性函数与理想线性函数 $y=x$（即：排污系数计算数值等于统计折算数值）吻合性较好，排污系数计算数值可靠性较高，可直接用于表达铜冶炼企业废水砷污染物排放量。

3. 排放清单整理

根据上述数据校对及分析过程，可归纳出铜冶炼企业废水砷污染排放量的计算方法。首先部分铜冶炼企业的环境统计数据中已有废水砷排放量数值，可直接使用并列入清单。对于环境统计数据中少数无废水砷排放量数据的企业，可使用排污系数计算数值作为企业的废水砷污染物排放量。综合以上方法，整理出 2017 年铜冶炼企业废水砷污染物排放清单，详见表 4-11。

表 4-11　2017 年铜冶炼企业废水砷污染物排放清单(示例)

省份	企业名称	企业地址	经度	纬度	产品	原料	生产工艺	2017 年实际产量/t	废水砷污染物排放量/t
1	1-1	…	…	…	阴极铜	铜精矿	熔池熔炼—吹炼—火法精炼—电解精炼	426006	0.627
2	2-1	…	…	…	阴极铜	铜精矿	熔池熔炼—吹炼—火法精炼—电解精炼	139338	0.087
	2-2	…	…	…	粗铜	铜精矿	熔池熔炼—吹炼	50058.9	0.15
3	3-1	…	…	…	阴极铜	铜精矿	闪速熔炼—闪速吹炼—火法精炼—电解精炼	361900	0.260
	3-2	…	…	…	阳极铜	铜精矿	熔池熔炼—吹炼—火法精炼	145300	0.174
	3-3	…	…	…	阴极铜	铜精矿	熔池熔炼—吹炼—火法精炼—电解精炼	63000	0.219
…	…	…	…	…	…	…	…	…	…

4.3.3　固体废物砷污染源排放核算

根据企业产品、原料、工艺、规模等情况，按各企业主要的生产工序类别和固体废物中砷污染物排放特征对铜冶炼企业进行细分，可分为九个主要类别，具体工序类别及各类别铜冶炼企业数量信息见表 4-12。

表 4-12　全国铜冶炼企业生产工序分类统计表

序号	生产工序类别	企业数量
1	熔池熔炼—吹炼—火法精炼—电解精炼	14
2	闪速熔炼—吹炼—火法精炼—电解精炼	5
3	闪速熔炼—闪速吹炼—火法精炼—电解精炼	3
4	熔池熔炼—吹炼—火法精炼	4
5	熔池熔炼—吹炼	5
6	火法精炼—电解精炼	5
7	火法精炼	2
8	电解精炼	4
9	湿法冶炼	2

注：个别企业具有多条不同工序生产线。

在上述九个工序类别中，火法精炼—电解精炼、火法精炼、电解精炼和湿法冶炼四种工序产生的固体废物基本为一般固体废物，其中所含砷污染物的量极小，可忽略不计。在剩余的五种主要工序类别中，熔池熔炼—吹炼—火法精炼—电解精炼、熔池熔炼—吹炼—火法精炼和熔池熔炼—吹炼三种工序均为熔池熔炼工艺系列，其产生的固体废物种类及性质较为相似，可将这三种工序类别的企业归为一大类工艺类别。因此，针对铜冶炼企业产生的固体废物中砷含量的核算，铜冶炼企业总体可以归类为三大工艺类别，分别是熔池熔炼、闪速熔炼和双闪熔炼。

对上述三大工艺类别分别选取典型企业：熔池熔炼工艺典型企业 A1（无渣选工艺）和 A2（有渣选工艺），闪速熔炼工艺典型企业 B，双闪熔炼工艺典型企业 C。收集典型企业环评及工程设计相关文件，根据物料平衡及砷元素平衡，明确砷在各类固体废物中的走向，分别得到各工艺类型典型企业的固体废物砷含量表，见表 4-13～表 4-16。

表 4-13　熔池熔炼工艺典型企业 A1（无渣选工艺）各类固体废物砷含量

固体废物类别	固体废物产生量/t	固体废物砷含量/t	砷含量占比/%
白烟尘	2579.4	118.77	4.60456
铅滤饼	485.93	17.2	3.5396
砷滤饼	5030.25	1679.6	33.38999
黑铜粉	360.5	78	21.637
中和渣	7656	15.04	0.19645
水淬渣	341179.57	103.5	0.03034
石膏	25834	0.15	0.00058
固体废物总量	383125.65	2012.26	0.525

表 4-14　熔池熔炼工艺典型企业 A2（有渣选工艺）各类固体废物砷含量

固体废物类别	固体废物产生量/t	固体废物砷含量/t	砷含量占比/%
白烟尘	9542.55	411.6221	4.31354
铅滤饼	1462.43	2.9249	0.2
砷滤饼	6966.18	1993.9267	28.62296
黑铜粉	1331.38	367.0615	27.57
中和渣	5679.87	25.105	0.442
渣选尾矿	762098.4	763.0109	0.10012
石膏	15599.2	0.156	0.001
固体废物总量	802680.01	3563.8071	0.44399

表 4-15　闪速熔炼工艺典型企业 B 各类固体废物砷含量

固体废物类别	固体废物产生量/t	固体废物砷含量/t	砷含量占比/%
白烟尘	4582.5	343.7	7.50082
铅滤饼	516.2	15.5	3.00271
砷滤饼	4700	1410	30
黑铜粉	880	185	21
中和渣	14240	65.5	0.45997
渣选尾矿	478266	239.1	0.04999
石膏	32662	179.6	0.54987
固体废物总量	535846.7	3052.7	0.57

表 4-16　双闪熔炼工艺典型企业 C 各类固体废物砷含量

固体废物类别	固体废物产生量/t	固体废物砷含量/t	砷含量占比/%
白烟尘	3207.6	129.7	4.04352
精炼渣	4068.9	6.51	0.15999
砷滤饼	9800	3646	37.2028
黑铜粉	3209.18	510.25	15.8997
中和渣	2640	11.35	0.42992
渣选尾矿	1112502	166.98	0.01501
石膏	30690	15.35	0.05002
固体废物总量	1166118	4486.14	0.385

根据以上各典型工艺企业固体废物中砷含量数据，按照三大工艺类别分别给出不同的工艺类别下，铜冶炼企业产生的一般固体废物和危险废物中砷含量占比系数，见表4-17～表 4-20。

表 4-17　熔池熔炼工艺典型企业 A1（无渣选工艺）固体废物中砷含量占比系数表

固体废物类别	固体废物产生量/t	固体废物砷含量/t	砷含量占比/%
危险废物	8456.08	1893.57	22.39
一般固体废物	374669.57	118.69	0.03168

表 4-18　熔池熔炼工艺典型企业 A2（有渣选工艺）固体废物中砷含量占比系数表

固体废物类别	固体废物产生量/t	固体废物砷含量/t	砷含量占比/%
危险废物	19302.54	2775.5352	14.37912
一般固体废物	783377.47	788.2719	0.10062

表 4-19　闪速熔炼工艺典型企业 B 固体废物中砷含量占比系数表

固体废物类别	固体废物产生量/t	固体废物砷含量/t	砷含量占比/%
危险废物	10678.7	1954.2	18.3
一般固体废物	525168	484.2	0.09220

表 4-20　双闪熔炼工艺典型企业 C 固体废物中砷含量占比系数表

固体废物类别	固体废物产生量/t	固体废物砷含量/t	砷含量占比/%
危险废物	20285.68	4292.46	21.16
一般固体废物	1145832	193.68	0.01690

由于相同工艺类别的企业具有同类的原料及产品，产排污环节基本一致，污染物排放特征较为相似，在核算中可以用典型企业固体废物中砷含量系数对同一工艺类别的企业进行固体废物砷含量折算。环境统计数据中已有大部分铜冶炼企业固体废物产生量的统计数据，包括一般固体废物产生量和危险废物产生量。通过典型企业一般固体废物、危险废物中砷含量比值系数分别对铜冶炼企业一般固体废物产生量和危险废物产生量数

值进行折算，得出其一般固体废物、危险废物中砷含量数值，加和即为该企业产生固体废物中砷含量数值。

此外，根据典型企业 2017 年产能及固体废物中砷含量，可计算得出典型企业的单位产能固体废物砷污染物产生量，将该量值引用为同类别工艺类型的企业单位产能固体废物砷污染物产生量。对于环境统计数据中少数无固体废物产生量数据的企业，使用单位产能固体废物砷污染物产生量对该铜冶炼企业 2017 年的产能进行换算，得出其产生一般固体废物、危险废物中砷含量数值。

综合以上两种核算方法，得出企业固体废物中砷污染物产生量清单，详见表 4-21。

表 4-21　2017 年铜冶炼企业固体废物砷污染物产生量清单(示例)

省份	企业名称	企业地址	经度	纬度	产品	原料	生产工艺	2017 年实际产量/t	一般固体废物砷含量/t	危险废物砷含量/t	固体废物砷含量/t
1	1-1	...	...	...	阴极铜	铜精矿	闪速熔炼—闪速吹炼—火法精炼—电解精炼	160201	440.00	948.00	1388.00
2	2-1	...	...	...	阴极铜	铜精矿	闪速熔炼—吹炼—火法精炼—电解精炼	185500.00	468.00	1056.20	1524.20
	2-2	...	...	...	阴极铜	铜精矿	熔池熔炼—吹炼—火法精炼—电解精炼	110017.00	261.65	517.96	779.61
3	3-1	...	...	...	阴极铜	铜精矿	熔池熔炼—吹炼—火法精炼—电解精炼	426006.00	1140.80	2652.06	3792.86
	3-2	...	...	...	阴极铜	铜精矿	熔池熔炼—吹炼—火法精炼—电解精炼	73150.00	192.02	405.05	597.07
	3-3	...	...	...	阳极铜	铜精矿	熔池熔炼—吹炼—火法精炼	71460.23	145.95	428.79	574.75
...	...	...	...	...	...	...	...	...	...	...	...

4.4　砷污染源排放清单分析

经统计，2017 年我国原生铜冶炼企业总产量约为 563.3 万 t，废气中砷污染物排放总量为 26.33t，废水中砷污染物排放总量为 8.14t，产生的固体废物中砷含量为 4.19 万 t。由此可见，铜冶炼过程中砷污染物的主要走向是进入固体废物，约占总量的 99.92%。其中，铜冶炼产生的一般固体废物砷含量为 1.36 万 t，危险废物砷含量为 2.83 万 t，危险废物中砷含量约为一般固体废物中砷含量的 2.1 倍。

按区域对固体废物砷含量、废气砷污染物排放量、废水砷污染物排放量分别进行统计，结果如表 4-22 所示。

表 4-22　铜冶炼企业固体废物、废气、废水砷污染物省际排放清单

省份	固体废物砷含量/t	废气砷污染物排放量/t	废水砷污染物排放量/t
安徽	8221.80	4.13	1.895
福建	2069.00	1.22	0.006
甘肃	3277.82	2.31	0.301
广西	1388.00	0.96	0.000
河北	71.74	0.08	0.032
河南	2303.81	1.77	0.001
湖北	1959.97	1.23	0.899
湖南	61.90	0.23	0.000
江苏	—	0.0004	0.003
江西	6611.97	2.96	2.397
辽宁	131.97	0.16	0.065
内蒙古	3187.81	2.44	0.326
山东	4825.61	2.39	0.669
山西	702.01	0.77	0.307
四川	637.96	0.79	0.000
新疆	321.89	0.28	0.113
云南	5522.29	3.93	1.120
浙江	630.19	0.69	0.006
总计	41925.74	26.34	8.14

在铜冶炼行业产业集中度相对较高的地区，如安徽、江西、云南、山东、甘肃和内蒙古等地，需要对该区域内的铜冶炼企业加强砷污染排放的监督管理，保证含砷废水、废气和固体废物得到合理的处理处置。特别是在安徽、江西、云南、山东等区域，每年产生的固体废物砷含量均在 4500t 以上，需重点关注含砷固体废物妥善处理安置的方式和去向。

第5章 含砷废物稳定化处置技术

5.1 含砷废物稳定化胶凝化工艺

世界卫生组织将类金属砷污染列为环境污染的首位。砷一旦进入环境将发生化学或生物转化，以不同形态通过水体、土壤等介质对生态环境和人类健康产生持续影响。我国集中了全球砷矿资源探明储量的70%，成为世界上受砷污染最为严重的国家之一。据 *Science* 杂志发布的中国砷污染预警模型估算，我国1/3的省（自治区、直辖市）出现了地方性砷中毒，约有1960万人受到砷污染地下水的危害[126]。砷除赋存于雄黄、雌黄矿外，大多伴生于铜、铅、锌等有色金属矿石中。据统计，我国人为排放砷大约20万t/a，其中有色重金属冶炼行业占50%以上，是我国最主要的砷污染源[127~130]。由于砷产物利用率低，我国仅有少数冶炼厂以白砷的形式回收少量砷，其量不足进入冶炼系统总砷量的10%，其余20%以上的砷进入冶炼渣，60%~70%的砷以中间产品堆存[131]。我国对"三废"中的砷含量有严格限制，含砷废气和废水不能直接排放至大气和水体，在废水和废气的净化处理过程中砷常以含砷废渣的形态分离出来，故砷的"三废"处理问题终究归结于含砷固体废物的处理[132]。含砷废渣具体来源为金属冶炼（如黑铜泥、砷碱渣、砷烟灰）、处理含砷废水和废酸的沉渣（如砷滤饼、硫化砷渣）及电解过程中产生的含砷阳极泥等[133]。长期以来，含砷废渣大多采用囤积储存的方法进行处置，易形成二次污染，已经构成了我国有色金属冶金企业最主要的环境污染源。

目前，国内外对含砷废渣的处理主要采用稳定化固化处理和资源化利用，如回收有价成分、生产建筑材料等[134]。在处理有毒砷渣和污泥时，大都采用化学方法将其稳定，即通过化学反应生成相对难溶的、自然条件下较稳定的金属砷酸盐和亚砷酸盐，包括常见的亚砷酸钙、砷酸钙、砷酸铁等[135, 136]。因可溶性的砷能够与许多金属离子形成此类化合物，故沉淀法常以钙、铁、镁、铝盐及硫化物等作为沉淀剂。用热水或酸碱等溶液将含砷废渣中的砷浸出，然后对浸出液进行钙盐沉淀法和铁盐沉淀法处理。开发一种高效、经济、环保的含砷废渣处理技术显得十分迫切。

5.1.1 砷酸铁渣机械稳定化工艺优化

机械力化学技术在环保领域的应用是近年来的研究热点[137~143]。机械力化学在有机固体废物处理方面已有较成熟的应用，但在重金属固体废物处理方面却鲜有相关研究报道[144~146]。Chai 等[147, 148]研究锌冶炼中和渣机械硫化时发现在添加单质硫黄情况下，机械力球磨过程能将氧化锌硫化生成硫化锌以达到回收重金属的目的。Montinaro 等[149, 150]和 Stellacci 等[151]等认为机械力化学稳定重金属是由于在机械力诱导作用下，重金属离子进入到晶体网格里，从而形成稳定的化合物。采用铁锰复合稳定剂处理含砷废渣的工艺为含砷废渣的稳定化开辟了一种切实可行的方法。

1. 砷酸铁渣性质

砷酸铁渣为制备的模拟含砷废水铁盐沉淀废渣。将粗砷酸钠干渣配成初始砷浓度为 10~50g/L 的碱性高砷溶液，逐滴加入 95% 的浓硫酸，调节 pH 至 4。将配置好的含砷溶液水浴加热并机械搅拌，速度控制在 (200±20) r/min。按铁砷物质的量比为 1.5 将所需的七水硫酸亚铁配成亚铁溶液，pH 为 3.5±0.1，将亚铁溶液加入到预热好的含砷溶液中。继续加热至设定温度并搅拌，鼓入预热的空气，流量控制为不小于 120L/h，反应 7 小时。静置冷却至 60℃，过滤，洗涤，滤渣于 60℃烘箱中烘干至恒重，研磨，备用。表 5-1 为砷酸铁渣中各元素含量，砷和铁的含量分别为 33.05% 和 23.07%。

表 5-1　砷酸铁渣元素含量　　　　　　　　（单位：质量分数，%）

元素	As	Fe	S	K	Sb	Na
含量	33.05	23.07	8.28	0.11	0.06	6.19

砷酸铁渣的 SEM-EDS 如图 5-1 所示。砷酸铁渣呈疏松颗粒状、大小不一。主要元素

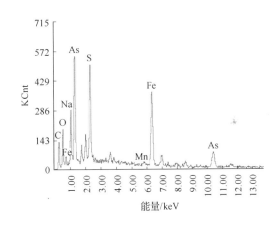
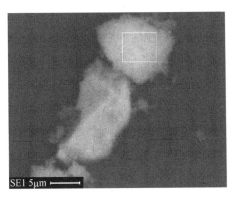
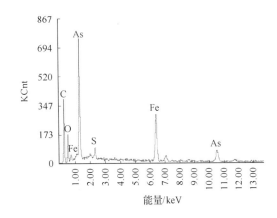

图 5-1　砷酸铁渣 SEM-EDS 图

为 As、Fe、S、Na 和 O。因此推测砷酸铁渣中主要物相为 $FeAsO_4$ 和 Na_2SO_4。砷酸铁渣
XRD 图谱如图 5-2 所示。砷酸铁渣中没有晶型完整的物相，大部分物质以非晶态形式存
在。所制备的砷酸铁渣中 As 的浸出毒性为 51.45mg/L，Pb、Cr、Hg、Ba、Se 和 Ag 均
未检出。因此，控制好砷元素的浸出毒性是实现砷酸铁渣稳定化的主要目标。

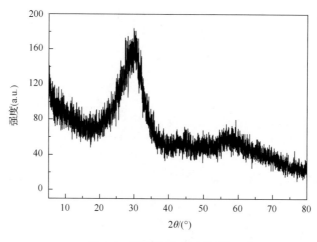

图 5-2　砷酸铁渣 XRD 图谱

砷酸铁渣的机械稳定化在球磨机(QM-QX4 全方位行星式球磨机)中进行，工艺过程
为：将适量砷酸铁渣和稳定剂的混合物以及小球放入球磨罐，在合适球料比条件下球磨
一定时间，控制球磨机转速为 500r/min，然后静置，待球磨罐冷却至室温，取出球磨产
物，进行 TCLP 浸出毒性检测以及稳定性分析。

2. 稳定剂体系

氧化锰比表面积大、表面活性强、电荷零点低、负电荷量高，不仅对许多过渡元素
和重金属元素有很强的吸附固定能力，也能通过氧化 As(Ⅲ)、Cr(Ⅲ)等变价元素而改变
其毒性和形态。基于此，本研究将还原铁粉分别与 MnO_2、$KMnO_4$、$MnCO_3$、$MnSO_4$ 以
物质的量比为 1∶0.3 组合作为稳定剂，在球料比为 10∶1、球磨时间 1h、添加量为 2%
条件下对含砷废渣进行稳定处理，结果如图 5-3 所示。原渣浸出液及四组样品浸出液的
pH 相差不大，变化不明显。原渣砷浸出浓度为 51.45mg/L，加入 $Fe+KMnO_4$、$Fe+MnO_2$
稳定体系处理后，渣中砷的浸出浓度分别下降至 6.31mg/L 和 4.25mg/L，低于国家危险废
物浸出毒性鉴别标准。而 $Fe+MnCO_3$、$Fe+MnSO_4$ 为稳定剂体系时砷的浸出浓度分别为
39.23mg/L 和 35.17mg/L，仍远远超过限值。这是由于锰系促进剂不同的氧化能力所致。
铁与砷稳定化合物一般在氧化性条件下形成，上述化合物中 Mn^{2+} 无氧化能力，因此
$MnCO_3$、$MnSO_4$ 对砷的稳定性促进作用最差；$KMnO_4$ 易溶于水且具有强氧化能力，会导
致二次污染，综合考虑，选取 $Fe+MnO_2$ 为最佳的稳定剂体系。

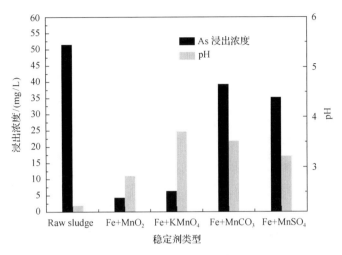

图 5-3 稳定剂体系对砷酸铁渣稳定效果的影响

3. 铁锰比

将铁粉与 MnO_2 以不同物质的量比组合,控制球料比为 10∶1、球磨时间 1 小时、添加量为 2%对含砷废渣进行稳定处理,结果如图 5-4 所示。以不同铁锰比稳定剂稳定后与原渣浸出液相比,pH 先升高后降低再上升,但在 2.2～3.3 范围内变化不大。稳定剂中铁锰比由 0∶1 至 1∶0 过程中,随着铁含量的增多,砷的浸出毒性呈现先降低后升高的趋势,当铁锰比为 0.4∶0.6 时降至最低,为 6.92mg/L。结果表明铁锰比决定体系氧化性和铁离子浓度,进而影响砷的稳定性能。铁锰比过高,体系的氧化性变弱,铁砷稳定化合物难以生成;铁锰比过低,铁浓度相对降低,对砷的捕集效果变差。因此,取 $n_{(Fe)}$∶$n_{(Mn)}$=0.4∶0.6 为稳定剂的最佳铁锰比。

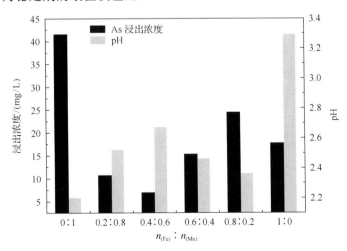

图 5-4 铁锰物质的量比对砷酸铁渣稳定效果的影响

4. 稳定剂添加量

采用稳定剂 Fe+MnO$_2$、铁锰比为 0.4：0.6、球磨时间 1 小时，不同稳定剂添加量对球磨稳定效果的影响如图 5-5 所示。原渣浸出液 pH 为 2.44，而随着稳定剂用量的增加，pH 递增。随着稳定剂添加量的增加，砷的浸出毒性先降低，当添加量为 10% 时降至最低，为 2.83mg/L。当添加量增至 12% 时，砷的浸出毒性又上升到 3.27mg/L。添加量为 6% 时砷的浸出毒性下降最明显，此后下降幅度较小。因此，确定 8% 为最佳稳定剂添加量。

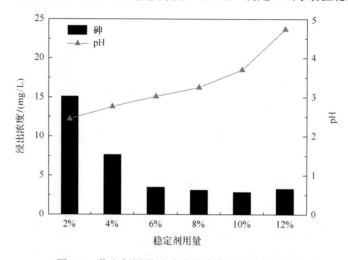

图 5-5　稳定剂用量对砷酸铁渣稳定效果的影响

5. 球磨时间

稳定剂为 Fe+MnO$_2$、添加量 8%，铁锰比为 0.4：0.6。不同球磨时间对含砷废渣的稳定效果如图 5-6 所示。球磨时间对浸出液 pH 的影响不大，在 2.35～3.6 间波动。球磨时间为 0～240min 时，砷的浸出毒性先降低，至 60min 时降至最低，2.36mg/L。60min 后，砷的浸出毒性出现波动，并随着球磨时间延长，砷毒性逐渐增大。当球磨时间延长至 240min 时其浸出毒性为 6.71mg/L，已经超过砷的浸出毒性限值。零价铁稳砷主要是利用其腐蚀产生的二价铁类化合物，而在 MnO$_2$ 作用下，过长的机械球磨时间可能会降低二价铁类化合物的活性。因此，最佳球磨时间为 60min。

图 5-7 和图 5-8 分别为不同球磨时间制备的稳定剂的粒径累积分布图和粒径微分分布图。随着球磨时间的增加，球磨产物粒径经历了一个减小—增大—再减小—再增大的循环过程。而经不同球磨时间制备的稳定剂处理砷酸铁渣的浸出毒性也同样经历了减小—增大—再减小—再增大的循环过程。由此可推测，稳定剂粒径增大，其表面活性降低，对砷的稳定效果降低；反之，颗粒粒径减小，其表面活性增大，对砷的稳定效率升高。

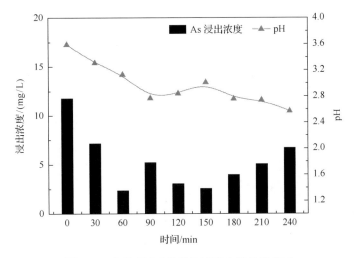

图 5-6　球磨时间对砷酸铁渣稳定效果的影响

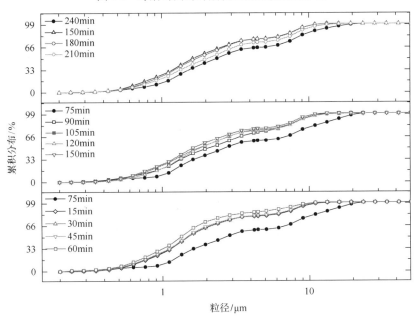

图 5-7　不同球磨时间制备的稳定剂的粒径累积分布图

6. 处理前后砷酸铁渣环境活性评价

采用 Davidson 改进的 BCR 三步连续浸提法对处理前后的砷酸铁渣进行浸提实验，结果见表 5-2。稳定处理后砷酸铁渣中砷的酸可提取态有小幅下降，由稳定处理前的 0.36% 降低到 0.06%。砷酸铁渣中可氧化态的砷和可还原态的砷含量也不高，分别为 1.01% 和 1.19%，经 Fe-MnO$_2$ 复合稳定剂处理后可氧化态的砷和可还原态的砷也略有下降，分

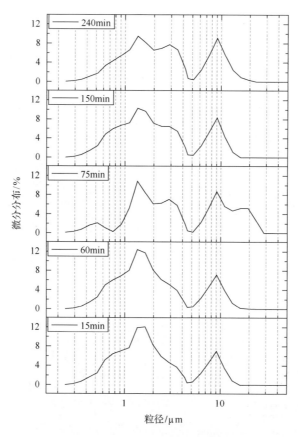

图 5-8　不同球磨时间制备的稳定剂的粒径微分分布图

表 5-2　砷酸铁渣处理前后砷形态变化　　　　　　　（质量分数，%）

项目	形态			
	酸可提取态	可氧化态	可还原态	残渣态
处理前	0.36	1.01	1.19	97.44
处理后	0.06	0.31	1.11	98.52

别降至 0.31%和 1.11%。以残渣态存在的重金属一般认为是可以在自然环境下稳定存在的。处理前砷酸铁渣中残渣态的砷含量为 97.44%，这是因为砷酸铁本来就是一种比较稳定的存在形态，只有少部分的砷会溶解进入环境。处理后残渣态砷增至 98.52%，增幅不明显。

5.1.2　铜冶炼砷渣胶凝固化工艺

1. 铜冶炼砷渣

含砷的污酸钙渣和浮选渣来源于某铜冶炼厂。该冶炼厂采用熟石灰中和法处理含砷废水废酸产生含砷污酸钙渣，其主要成分为二水硫酸钙，该厂污酸钙渣的产量大约为 4 万 t/a。浮选渣是闪速炉熔炼渣通过浮选回收铜后得到的尾矿，呈黑色，主要含有铁的氧化物和硅酸盐，该厂的浮选渣产量大约为 96 万 t/a。

污酸钙渣和浮选渣元素组成见表 5-3。污酸钙渣中 Ca、S、O 三种元素的含量最高，浮选渣中 Zn、Al、Ca 等元素的含量相对较高；废渣中的 Pb、As、Cu 等元素的含量相对较低。

表 5-3　各物料的元素组成表

项目	元素									
	Fe	O	Si	Al	Ca	Cu	Zn	S	As	Pb
浮选渣	44.52	23.89	20.05	2.50	2.9	0.49	1.95	0.52	0.29	0.34
污酸钙渣	0.17	40.57	0.75	0.26	35.65	—	—	22.21	0.07	—

废渣中重金属的浸出毒性测试结果(表 5-4)表明浮选渣中主要的危害元素为 Cu、Pb 和 As，其浸出毒性分别为 80.16mg/L、9.15mg/L 和 4.12mg/L。因此，控制好 Cu、Pb、As 元素的浸出浓度是实现浮选渣稳定化无害化的关键。而污酸钙渣中各元素的浸出毒性均较低。

表 5-4　试样的浸出毒性分析　　　　　　　　(单位：mg/L)

项目	元素				
	As	Pb	Cd	Zn	Cu
浮选渣	4.12	9.15	0.32	7.45	80.16
污酸钙渣	0.076	0.4	0.11	0.37	—
阈值	≤5	≤5	≤1	≤100	≤100

胶凝固化工艺过程为：将适量胶凝剂与砷渣混合，在合适的水灰比条件下搅拌，振实成型的固化块为 2cm×2cm×2cm，分别养护 3 天、7 天、28 天后测试其强度和重金属的浸出毒性。

2. 复合硅酸盐水泥固化污酸钙渣和浮选渣工艺

(1)水灰比对固化体强度的影响

在不同水灰比条件下，复合硅酸盐水泥固化污酸钙渣和浮选渣的固化块强度分别见表 5-5、表 5-6。固化体强度随着水灰比的减小先增大后减小，对于污酸钙渣，当水灰比为 0.3 时固化体强度达到最大；对于浮选渣，当水灰比为 0.25 时固化体强度达到最大。

表 5-5　复合硅酸盐水泥固化污酸钙渣水灰比影响

编号	复合水泥/%	污酸钙渣/%	水灰比	抗压强度/MPa	
				3 天	7 天
1	40	60	0.40	3.60	8.56
2	40	60	0.35	3.87	8.93
3	40	60	0.30	4.05	9.14
4	40	60	0.27	3.15	7.39

表 5-6　复合硅酸盐水泥固化浮选渣水灰比影响

编号	复合水泥/%	浮选渣/%	水灰比	抗压强度/MPa	
				3 天	7 天
1	40	60	0.35	3.51	6.08
2	40	60	0.30	3.77	6.96
3	40	60	0.25	4.05	7.43
4	40	60	0.23	3.82	6.75

(2)复合硅酸盐水泥添加量对固化体强度和浸出毒性的影响

不同水泥添加量对形成的固化体抗压强度有较大影响(图 5-9)。随着水泥掺入量增加,固化体抗压强度不断增加。当水泥掺入量为 40%时,污酸钙渣固化体 28 天的抗压强度为 14.53MPa,浮选渣固化体 28 天的抗压强度为 10.35MPa,满足 MU10 砖抗压强度 10MPa≤MU10<15MPa 的要求。

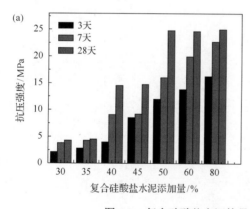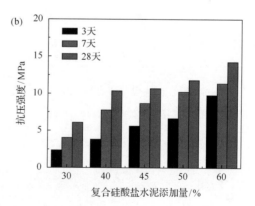

图 5-9　复合硅酸盐水泥掺量与污酸钙渣固化体强度的关系
(a)污酸钙渣; (b)浮选渣

不同水泥添加量形成的浮选渣固化体浸出毒性如图 5-10 所示。水泥作为胶凝材料,在固化过程中发生水化反应,其水化产物能够将有毒、有害物质转变为低溶解性、低迁移性和低毒性的物质。单独利用水泥固化时,在复合硅酸盐水泥添加量为 30%~60%,

固化体重金属的毒性浸出均在阈值以下。固化体中重金属的浸出毒性随着水泥量的增加而减低。当复合水泥添加量为 40%时，固化体养护 28 天后，其 As、Pb、Cu 的浸出毒性分别降至 0.09mg/L、0.07mg/L、0.05mg/L。

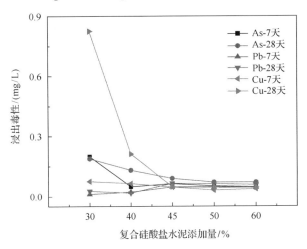

图 5-10　复合硅酸盐水泥固化浮选渣的浸出毒性

3. 环氧树脂有机胶固化污酸钙渣和浮选渣工艺

环氧树脂有机胶以 E-44 环氧树脂为基体树脂，以聚酰胺树脂为增韧剂，乙二胺为固化剂，无水乙醇为稀释剂。按表 5-7 配方合成环氧树脂有机胶。

表 5-7　环氧树脂有机胶配方

试剂名称	质量比例	配制方法
环氧树脂(密度 1.17mg/cm³)	2	按比例称取环氧树脂和聚酰胺树脂，加入无水乙醇溶解(在 50℃水浴中)，待溶解完全，先加入邻苯二甲酸二丁酯，待搅拌均匀再加入乙二胺
聚酰胺树脂	1	
无水乙醇(密度 0.8mg/cm³)	3	
邻苯二甲酸二丁酯(密度 1.04mg/cm³)	0.075	
乙二胺(密度 0.9mg/cm³)	0.15	

采用环氧树脂有机胶作为固化胶凝材料，在污酸钙渣和浮选渣中掺量为 2%、3%、4%、5%和 6%，液固比为 0.3，振实成型的试块为 2cm×2cm×2cm。养护温度为 50℃，养护 2 小时后测试固化体的强度和重金属的毒性浸出。

固化体抗压强度由环氧树脂有机胶添加量决定，随着掺入量的增加，固化体抗压强度不断增加(图 5-11)。当环氧树脂有机胶掺入量 4%时，污酸钙渣固化体和浮选渣固化体的抗压强度分别为 11.02MPa 和 13.62MPa，满足 MU10 砖抗压强度 10MPa≤MU10<15MPa 的要求。

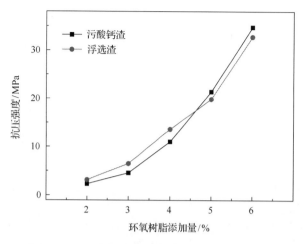

图 5-11　环氧树脂胶添加量与固化体强度的关系

环氧树脂有机胶添加量对浮选渣固化体中不同重金属浸出毒性的影响不同(图 5-12)。环氧树脂有机胶添加量为 3%～6%,固化体重金属的浸出毒性均在阈值以下。固化体中重金属的浸出毒性随着水泥量的增加而减低。环氧树脂有机胶添加量为 4%时,其固化体的 As、Pb、Zn 和 Cu 的浸出毒性分别降至 1.39mg/L、3.84mg/L、4.81mg/L 和 23.64mg/L。

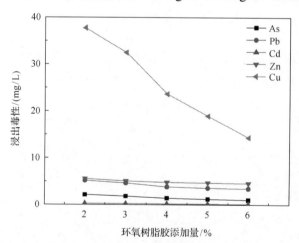

图 5-12　环氧树脂胶添加量与浮选渣固化体浸出毒性的关系

4. 水泥熟料协同固化污酸钙渣和浮选渣工艺

浮选渣是冶炼厂的附属产品,可用于生产水泥或作为混凝土的掺和料。这种生产工艺,不但可以很好地解决冶炼废渣的堆存问题,同时还可以提高混凝土制品的强度等级。水泥主要是由水泥熟料、矿渣或粉煤灰、石膏按一定比例混合研磨而成。污酸钙渣的主要成分是二水硫酸钙,可替代石膏。

（1）以浮选渣为处理对象

A. 胶凝材料制备

基于废渣原料成分分析，将污酸钙渣替代石膏与水泥熟料混合制成胶凝材料，并利用所制成的水泥类胶凝材料固化浮选渣制成 MU10 等级的砖，以实现废渣的无害化、减量化、资源化，使其取得最佳的经济效益、环保效益，见表 5-8。

表 5-8　污酸钙渣添加量对胶凝材料强度的影响

型号	污酸钙渣/%	水泥熟料/%	水灰比	抗压强度/MPa	
				3 天	7 天
A1	10	90	0.35	19.93	25.67
A2	20	80	0.35	24.13	31.18
A3	30	70	0.35	24.66	29.61
A4	40	60	0.35	21.17	27.36
A5	50	50	0.35	19.82	24.32
A6	60	40	0.35	14.08	18.97
A7	70	30	0.35	5.62	5.57

当污酸钙渣加入量为 30%时，其抗压强度较好，后期的强度增长也较好；当加入 20%～30%的污酸钙渣时，胶凝材料的早期强度较高，当加入超过 30%的污酸钙渣时，其强度呈明显的下降趋势。因此确定胶凝材料中加入 30%的污酸钙渣强度最佳。

B. 浮选渣胶凝固化

a. 水灰比

水加入量的不同会影响胶凝固化体的最终强度大小（表 5-9）。水在胶体材料中主要有两方面的作用：一是确保浆体具有一定的可塑性和流动性，便于实验操作与样品成型；二是确保胶体中有充足的水分与原料发生反应，使水泥熟料胶体发生水化反应，生成具有强度的固化体。而过多的水分则会导致最终样品中具有过多的空隙，使固化体孔隙率增大，最终降低固化体的强度，如果水量不足，胶凝材料则无法水化反应完全，最终固化体的强度也会下降。最终确定当水灰比为 0.25 时固化体强度较佳。

表 5-9　水灰比对浮选渣固化体强度的影响

编号	熟料/%	污酸钙渣/%	浮选渣/%	水灰比	抗压强度/MPa	
					3 天	7 天
1	21	9	70	0.35	9.52	12.27
2	21	9	70	0.30	9.78	13.63
3	21	9	70	0.25	10.57	13.97
4	21	9	70	0.23	8.98	11.86

b. 胶凝材料添加量

当胶凝材料与浮选渣的比例为 2∶8 时，固化体养护 28 天的强度就能满足《中华人民共和国建材行业标准》（JC239—2001）标准中 MU10 等级的砖（表 5-10）的强度要求，且其固化体的 As、Pb、Cd、Zn、Cu 浸出毒性均低于《危险物鉴别标准　浸出毒性鉴别》（GB5085.3—2007）中规定的毒性浸出浓度标准值（表 5-11）。利用水泥熟料协同固化铜冶炼厂的浮选渣与污酸钙渣的方法是可行的。最佳条件为：水泥熟料 14%，污酸钙渣 6%，浮选渣 80%，水灰比为 0.25。

表 5-10　胶凝材料添加量对浮选渣固化体强度的影响

编号	胶凝材料/%(钙渣 30%，熟料 70%)	浮选渣/%	水灰比	抗压强度/MPa	
				3 天	28 天
A1	20	80	0.25	7.33	10.16
A2	30	70	0.25	10.57	13.97
A3	40	60	0.25	15.21	19.71
A4	50	50	0.25	20.38	25.33
A5	60	40	0.25	21.85	24.77
A6	70	30	0.25	26.23	28.93

表 5-11　固化体重金属浸出毒性 TCLP　　　　　　(单位：mg/L)

编号	As		Pb		Cd		Zn		Cu	
	7 天	28 天	7 天	28 天	7 天	28 天	7 天	28 天	7 天	28 天
A1	0.26	0.28	0.02	0.03	0.01	0.004	0.09	0.62	0.35	1.04
A2	0.2	0.19	0.01	0.03	0.005	0.002	0.05	0.46	0.08	0.83
A3	0.04	0.07	0.02	0.04	—	—	0.03	0.16	0.06	0.74
A4	0.05	0.06	0.04	0.03	—	—	—	—	0.06	0.48
A5	0.06	0.07	0.06	0.07	—	—	—	—	0.04	0.14
A6	0.05	0.04	0.11	0.14	—	—	—	—	0.03	0.08
浮选渣	4.12		9.15		0.32		7.45		80.16	
标准值	≤5		≤5		≤1		≤100		≤100	

(2)以污酸钙渣为处理对象

A. 胶凝材料制备

用浮选渣替代部分水泥熟料，水灰比为 0.35，随着浮选渣添加量的增大，胶凝材料强度呈先增大后减小的趋势(表 5-12)。当浮选渣加入量由 40%增加至 50%时，其抗压强度降低较快。为了满足一定的强度要求且尽可能增加浮选渣的用量，选择浮选渣的添加量为 50%为合适的添加量。此时胶凝材料水化 7 天强度可达 25.81MPa。

表 5-12　浮选渣添加量对胶凝材料强度的影响

编号	水泥熟料/%	浮选渣/%	水灰比	抗压强度/MPa	
				3 天	7 天
B1	40	60	0.35	10.16	11.54
B2	50	50	0.35	21.77	25.81
B3	60	40	0.35	32.65	35.37
B4	70	30	0.35	34.63	41.78
B5	80	20	0.35	37.83	49.41
B6	90	10	0.35	38.84	47.86
B7	100	0	0.35	38.52	43.36

B. 污酸钙渣的固化工艺

胶凝材料添加量对固化体强度和浸出毒性的影响分别见表 5-13、表 5-14。当胶凝材料与污酸钙渣的比例为 5:5 时，固化体养护 28 天的强度为 10.05MPa，能满足《中华人民共和国建材行业标准》(JC239—2001)标准中 MU10 等级砖的强度要求，且其固化体的 As、Pb、Cu 浸出毒性均低于《危险废物鉴别标准浸出毒性鉴别》(GB5085.3—2007)中规定的毒性浸出浓度限值，最佳工艺条件为：水泥熟料 25%，浮选渣 25%，污酸钙渣 50%，水灰比为 0.4。

表 5-13　胶凝材料添加量对污酸钙渣固化体强度的影响

编号	胶凝材料/%		污酸钙渣/%	水灰比	抗压强度/MPa	
	水泥熟料 50%	浮选渣 50%			3 天	28 天
1	20		80	0.4	2.81	3.03
2	30		70	0.4	4.16	5.06
3	40		60	0.4	5.28	6.07
4	50		50	0.4	7.87	10.05
5	60		40	0.4	8.47	10.23

表 5-14　固化体重金属浸出毒性　　　　　　(单位：mg/L)

编号	As		Pb		Cu	
	3 天	28 天	3 天	28 天	3 天	28 天
1	0.15	0.18	0.01	0.02	0.35	1.24
2	0.10	0.15	0.01	0.02	0.12	0.92
3	0.07	0.08	0.01	0.03	0.08	0.63
4	0.05	0.07	0.04	0.04	0.07	0.27
5	0.05	0.06	0.05	0.06	0.05	0.19
阈值	≤5		≤5		≤100	

5. 不同胶凝体系固化体增容比比较

(1)复合硅酸盐水泥固化污酸钙渣和浮选渣的增容比为

$$\gamma_{水泥} = \frac{V_{固化体1}}{V_{废渣}} = \frac{m_{水泥} + m_{废渣}}{m_{废渣}} \times \frac{\rho_{废渣}}{\rho_{固化体1}}$$

式中，$\gamma_{水泥}$ 为复合硅酸盐水泥固化废渣的增容比；$V_{固化体1}$ 为复合水泥固化废渣的固化体体积；$V_{废渣}$ 为废渣体积；$m_{水泥}$ 为复合硅酸盐质量；$m_{废渣}$ 为废渣质量；$\rho_{废渣}$ 为废渣密度；$\rho_{固化体1}$ 为复合水泥固化废渣的固化体密度。

A. 污酸钙渣固化体增容比

选取污酸渣固化体抗压强度满足 MU10 砖抗压强度(10MPa≤MU10＜15MPa)时复合硅酸盐水泥的最少添加量，即复合水泥添加量为 40%时的增容比 $\gamma_{水泥1}$ 为

$$\gamma_{水泥1} = \frac{m_{水泥} + m_{钙渣}}{m_{钙渣}} \times \frac{\rho_{钙渣振实密度}}{\rho_{固化体1}} = \frac{1}{0.6} \times \frac{1.376}{1.595} = 1.438$$

B. 浮选渣固化体增容比

选取浮选渣固化体抗压强度满足 MU10 砖抗压强度(10MPa≤MU10＜15MPa)时复合硅酸盐水泥的最少添加量，即复合水泥添加量为 40%时的增容比 $\gamma_{水泥2}$ 为

$$\gamma_{水泥2} = \frac{m_{水泥} + m_{钙渣}}{m_{钙渣}} \times \frac{\rho_{钙渣振实密度}}{\rho_{固化体1\#}} = \frac{1}{0.6} \times \frac{2.377}{1.804} = 2.196$$

(2) 环氧树脂有机胶固化污酸钙渣和浮选渣的增容比为

$$\gamma_{有机胶} = \frac{V_{固化体2}}{V_{钙渣}} = \frac{m_{有机胶} + m_{钙渣}}{m_{钙渣}} \times \frac{\rho_{钙渣}}{\rho_{固化体2}}$$

式中，$\gamma_{有机胶}$ 为环氧树脂有机胶固化废渣的增容比；$V_{固化体2}$ 为环氧树脂有机胶固化废渣的固化体的体积；$V_{废渣}$ 为废渣的体积；$m_{有机胶}$ 为环氧树脂有机胶的质量；$m_{废渣}$ 为废渣的质量；$\rho_{废渣}$ 为废渣的密度；$\rho_{固化体2}$ 为环氧树脂有机胶固化废渣的固化体的密度。

A. 污酸钙渣固化体增容比

选取污酸钙渣固化体抗压强度满足 MU10 砖抗压强度(10MPa≤MU10＜15MPa)时环氧树脂有机胶的添加量，即环氧树脂有机胶添加量为 4%时的增容比 $\gamma_{有机胶1}$ 为

$$\gamma_{有机胶1} = \frac{m_{有机胶} + m_{钙渣}}{m_{钙渣}} \times \frac{\rho_{钙渣振实密度}}{\rho_{固化体2}}$$
$$= \frac{1}{0.96} \times \frac{1.376}{1.453}$$
$$= 0.986$$

比较环氧树脂有机胶与复合硅酸盐水泥固化剂固化污酸钙渣的增容比：

$$\frac{\gamma_{有机胶1} - \gamma_{水泥1}}{\gamma_{水泥1}} = \frac{0.986 - 1.438}{1.438} = -31.43\%$$

环氧树脂有机胶比复合水泥固化污酸钙渣的体积增容比降低了 31.43%。

B. 浮选渣固化体增容比

选取浮选渣固化体抗压强度满足 MU10 砖抗压强度(10MPa≤MU10＜15MPa)时环氧树脂有机胶的添加量，即环氧树脂有机胶添加量为 4%时的增容比 $\gamma_{有机胶2}$ 为

$$\gamma_{\text{有机胶}2} = \frac{m_{\text{有机胶}} + m_{\text{浮选渣}}}{m_{\text{浮选渣}}} \times \frac{\rho_{\text{浮选渣振实密度}}}{\rho_{\text{固化体}2\#}}$$

$$= \frac{1}{0.96} \times \frac{2.377}{2.255}$$

$$= 1.098$$

比较环氧树脂有机胶与复合水泥固化剂固化污酸钙渣的增容比

$$\frac{\gamma_{\text{有机胶}2} - \gamma_{\text{水泥}2}}{\gamma_{\text{水泥}2}} = \frac{1.098 - 2.196}{2.196} = -50\%$$

环氧树脂有机胶比复合水泥固化浮选渣的体积增容比降低了 50%。

(3) 水泥熟料协同固化污酸钙渣和浮选渣的增容比

$$\gamma_{\text{协同}} = \frac{V_{\text{固化体}3}}{V_{\text{浮选渣}} + V_{\text{钙渣}}} = \frac{m_{\text{熟料}} + m_{\text{浮选渣}} + m_{\text{钙渣}}}{\dfrac{m_{\text{浮选渣}}}{\rho_{\text{浮选渣(振实密度)}}} + \dfrac{m_{\text{钙渣}}}{\rho_{\text{钙渣(振实密度)}}}} \times \frac{1}{\rho_{\text{固化体}3}}$$

式中，$\gamma_{\text{协同}}$ 为水泥熟料协同固化废渣的增容比；$V_{\text{固化体}3}$ 为水泥熟料协同固化废渣的固化体的体积；$V_{\text{废渣}}$ 为废渣的体积；$m_{\text{熟料}}$ 为水泥熟料的质量；$m_{\text{废渣}}$ 为废渣的质量；$\rho_{\text{废渣}}$ 为废渣的密度；$\rho_{\text{固化体}2}$ 为水泥熟料协同固化废渣的固化体的密度。

$$\gamma_{\text{协同}} = \frac{m_{\text{熟料}} + m_{\text{浮选渣}} + m_{\text{钙渣}}}{\dfrac{m_{\text{浮选渣}}}{\rho_{\text{浮选渣振实密度}}} + \dfrac{m_{\text{钙渣}}}{\rho_{\text{钙渣振实密度}}}} \times \frac{1}{\rho_{\text{固化体}3}} = \frac{100}{\dfrac{80}{2.377} + \dfrac{6}{1.376}} \times \frac{1}{1.981} = 1.328$$

比较水泥熟料协同固化与复合水泥固化浮选渣的增容比：

$$\frac{\gamma_{\text{协同}} - \gamma_{\text{水泥}2}}{\gamma_{\text{水泥}2}} = \frac{1.328 - 2.196}{2.196} = -39.53\%$$

水泥熟料协同固化比复合水泥固化浮选渣的体积增容比降低了 39.53%。

5.1.3　铅锌冶炼钙砷渣胶凝固化

1. 铅锌冶炼钙砷渣

钙砷渣取自某大型铅锌冶炼厂。钙砷渣即石灰乳投放于废酸中与重金属发生沉淀反应而形成。从锌厂、铅厂取得的钙砷渣，含水率分别为 69% 和 50.2%，其他元素含量见表 5-15、表 5-16。

表 5-15　锌厂钙砷渣成分

项目	元素								
	Ca	S	Zn	F	Mg	Si	Fe	Cd	As
含量/%	30.69	15.43	11.56	3.27	2.60	2.38	0.61	0.48	0.47
浸出毒性/(mg/L)	544.3	829.7	0.08	—	76.0	0.4	0.2	0.01	1.9

表 5-16　铅厂钙砷渣成分

项目	元素								
	Ca	S	As	Mg	Si	Cd	Fe	Zn	Pb
含量/%	40.62	8.51	6.81	2.48	2.14	0.84	0.43	0.05	0.04
浸出毒性/(mg/L)	1565	314.2	8.6	0.3	0.2	—	0.07	0.01	—

　　两种钙砷渣的物相主要为硫酸钙及硫酸钙水合物($CaSO_4$、$CaSO_4 \cdot 0.5H_2O$、$CaSO_4 \cdot 0.66H_2O$ 等)，因此可以作为胶凝剂制备原料。除了以上的主要物相以外，还有砷酸铅及部分铝化合物等(图 5-13)。

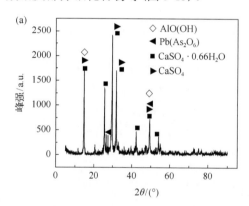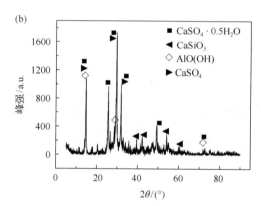

图 5-13　各厂钙砷渣 XRD 图谱

(a)锌厂钙砷渣；(b)铅厂钙砷渣

　　此外，矿渣(如水淬渣)为冶炼工艺的附属产品，经济价值很低。利用激发剂对矿渣进行处理，将矿渣作为水泥熟料(即取代水泥熟料用量)。这种生产工艺，不但可以很好地解决冶炼废渣的堆存问题，同时还可以提高混凝土制品的强度等级，从而拓展了矿渣的使用量和矿渣水泥熟料的使用范围。

　　利用钙砷渣替代二水石膏作为缓凝剂和早强剂，并将水淬渣与少量的水泥熟料混合制成胶凝材料，利用所制成的矿渣水泥类胶凝材料固化含砷废渣。

2. 胶凝材料的制备与参数优化

(1)胶凝材料组成优化

二水硫酸钙常作为缓凝剂，同时也作为早强剂。在与水泥熟料混合存在的条件下，硫酸钙与水泥熟料中铝酸三钙和氢氧化钙发生水化反应,生成提供早期强度的钙矾石成分。钙矾石可以支撑胶凝固化体的强度,同时为后期水化产物物相的转变提供物质基础。钙矾石的增容比为 140%,如果二水硫酸钙过多,则会生成过多的钙矾石而导致后期固化体强度下降,甚至破裂。铅厂钙砷渣中的主要成分为含结晶水的硫酸钙,并且有部分半水硫酸钙,可替代二水硫酸钙;水淬渣则替代部分水泥熟料制备胶凝材料,其组成正交试验结果见表 5-17～表 5-19。熟料对固化体抗压强度影响最大,而石灰石对固化体抗压强度影响最小。最优组成是熟料 25%、水淬渣 57%、石灰石 3%、铅厂钙砷渣 15%。

表 5-17　矿渣胶凝材料组成正交实验(抗压强度)

编号	水淬渣/%	熟料/%	石灰石/%	铅厂钙砷渣/%	抗压强度/MPa	
					3 天	7 天
B1	55	25	5	15	15.6	22.6
B2	55	20	3	22	8.8	14.2
B3	55	15	8	22	8.6	13.7
B4	57	25	3	15	26.1	26.9
B5	57	20	8	15	16.2	18.7
B6	57	15	5	23	6.5	9.45
B7	60	25	8	7	14.0	21.3
B8	60	20	5	15	7.7	7.9
B9	60	15	3	22	8.8	13.7

表 5-18　7 天正交因素分析

编号	水淬渣/%	熟料/%	石灰石/%	R
K1	16.833	23.600	13.333	4.067
K2	18.367	13.600	18.267	11.300
K3	14.300	12.300	17.900	4.934

表 5-19　矿渣胶凝材料正交实验(浸出毒性)

编号	水淬渣/%	熟料/%	石灰石/%	铅厂钙砷渣/%	浸出毒性/(mg/L)	
					3 天	7 天
B1	55	25	5	15	0.71	1.30
B2	55	20	3	22	1.72	2.46
B3	55	15	8	22	1.96	5.36
B4	57	25	3	15	0.49	0.76
B5	57	20	8	15	0.43	0.57
B6	57	15	5	23	1.30	1.53
B7	60	25	8	7	0.12	0.11
B8	60	20	5	15	0.23	0.63
B9	60	15	3	22	0.63	1.82

（2）胶凝材料粒度优化

胶凝材料的水化反应程度随着颗粒细度的增加而提高。但是，当成分粒度过小时，颗粒的表面张力增大，当加水固化时，浆体将变成球体，硬化的过程会出现更多的空隙，最终会导致强度降低。按表 5-20 中的配比和球磨时间制备胶凝材料。当球磨时间为 4.5 小时时，胶凝材料固化体养护 7 天的强度有所下降，球磨 3.5 小时的胶凝材料固化体养护 7 天的强度有上升的趋势。由图 5-14 可以看出球磨时间为 3.5 小时的样品的粒度主要集中在 1～38μm。确定制备胶凝材料的球磨时间为 3.5 小时，可满足最终强度效果同时还可以降低能耗。

表 5-20　球磨时间对胶凝材料影响

型号	水淬渣/%	熟料/%	时间/h	铅厂钙砷渣/%	石灰石/%	水灰比	抗压强度/MPa	
							3 天	7 天
1	55	25	3.5	12	5	0.25	19.6	27.0
2	55	25	4.5	12	5	0.25	21.0	20.3

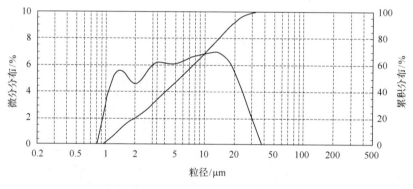

图 5-14　胶凝材料球磨 3.5 小时后粒度分析结果

3. 含砷废渣胶凝固化参数优化

（1）水灰比

水分加入量的不同会影响胶凝固化体的最终强度大小（表 5-21）。水在胶凝材料中主要有两方面的作用，一是确保浆体具有一定的可塑性和流动性，便于实验操作与样品成型；二是确保胶体中有充足的水分与原料发生反应，使水泥熟料胶体发生水化反应，生成具有强度的固化体。而过多的水分则会导致最终样品中具有过多的空隙，降低固化体最终强度，如果水分不足胶凝材料则无法完成水化反应，物料最终将无法形成固化体而松散开，当水灰比为 0.33 时样品强度较佳。

表 5-21　水灰比调整实验

编号	水淬渣/%	熟料/%	石灰石/%	铅厂钙砷渣/%	水灰比	抗压强度/MPa	
						3 天	7 天
C1	57	25	3	15	0.35	12.5	15.6
C2	57	25	3	15	0.33	15.6	20.0

(2) 钙砷渣固化量优化

水灰比 0.33 条件下,不同比例胶凝材料与锌厂钙砷渣固化后的抗压强度和浸出毒性,如图 5-15 所示。固化体的抗压强度随着胶凝材料的增加强度有所增加。当胶凝材料与含砷废渣质量比大于 5∶5,固化体 7 天抗压强度增长不明显;当比例为 5∶5 时固化体的浸出毒性较低。结合抗压强度、经济成本、浸出毒性等条件最终确定胶凝材料与含砷废渣比例为 5∶5 最佳。

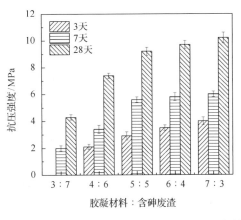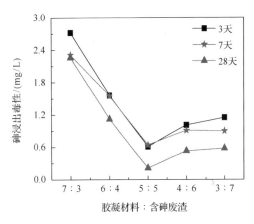

图 5-15　不同胶凝材料固化后强度与浸出毒性

5.2　含砷废渣稳定化胶凝化过程特征及机理

5.2.1　含砷废渣机械稳定化过程特征及机理

1. 球磨稳定作用发生阶段

球磨物料在球磨过程中发生的反应十分复杂。将铁粉和硫化砷渣分别单独球磨,然后将原铁粉、球磨铁粉、原渣和球磨渣等进行组合然后分别进行浸出毒性测试,以确定球磨后对砷起主要稳定化作用的组分和砷渣稳定的阶段。组合方式为原渣(S)、原渣和铁粉(S+Fe)、原渣和球磨铁粉[S+Fe$_{(G)}$]、球磨废渣和铁粉[S$_{(G)}$+Fe]、球磨废渣和球磨铁粉[S$_{(G)}$+Fe$_{(G)}$]以及原渣和铁粉的混合球磨产物[(S+Fe)$_{(G)}$]。不同组合下砷浸出毒性如图 5-16 所示。

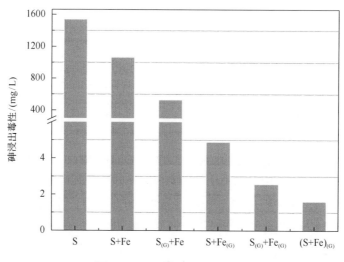

图 5-16　不同组合的浸出毒性

　　只要体系中存在球磨铁粉，浸出毒性均在 5mg/L 以下，然而未球磨的铁粉却无法产生同样的效果，其浸出毒性均在 400mg/L 以上。球磨铁粉是实现砷渣稳定化的关键。球磨稳定化过程发生在浸出毒性实验阶段而不是发生在球磨阶段，如果稳定过程发生在球磨过程中，那么组合[(S+Fe)$_{(G)}$]的浸出毒性将远低于组合[S$_{(G)}$+Fe$_{(G)}$]的浸出毒性，但实际却是组合[S$_{(G)}$+Fe$_{(G)}$]和[(S+Fe)$_{(G)}$]的浸出毒性差别很小。故砷渣稳定化的关键是球磨铁粉；砷渣的稳定并不是球磨过程中铁粉与砷反应生成了稳定的砷的形态，而是在浸出毒性实验过程中铁和砷发生了稳定反应。

2. 球磨铁粉在砷渣稳定过程中的作用

(1)球磨铁粉在稳定过程中的物相及形貌变化

　　将铁粉浸泡于 pH 为 5.0 的乙酸溶液中并翻转振荡 18 小时，之后取出在真空干燥箱中干燥，以模拟球磨铁粉在酸性环境下物相和形貌的变化。腐蚀前铁粉表面光滑[图 5-17(a)]，腐蚀后铁粉表面出现了大量的毛刺[图 5-17(b)]。

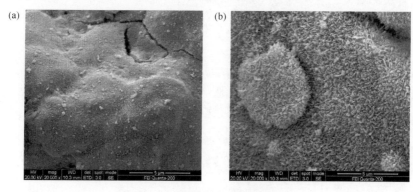

图 5-17　铁粉腐蚀前后形貌变化

(a)腐蚀前；(b)腐蚀后

原铁粉和球磨铁粉(图 5-18)的特征峰没有明显的变化，球磨铁粉的特征峰比原铁粉的特征峰略宽。但是乙酸浸泡后的球磨铁粉 XRD 图谱上明显出现了 Fe_3O_4、γ-Fe_2O_3 和 γ-$FeO(OH)$ 等的特征峰。说明球磨铁粉在乙酸溶液中表面被腐蚀生成了一层铁氧化物和水合氧化铁的腐蚀层，其对砷有较强的吸附作用。铁粉在酸性溶液中发生如下反应：

$$2Fe^0 + 2H_2O + O_2 = 2Fe^{2+} + 4OH^- \tag{5-1}$$

$$4Fe^{2+} + 2H_2O + O_2 = 4Fe^{3+} + 4OH^- \tag{5-2}$$

$$Fe^{3+} + 2H_2O = FeOOH + 3H^+ \tag{5-3}$$

$$2Fe^0 + 2H_2O + O_2 = 2Fe(OH)_2 \tag{5-4}$$

$$4Fe^0 + 6H_2O + 3O_2 = 4Fe(OH)_3 \tag{5-5}$$

$$6Fe(OH)_2 + O_2 = 2Fe_3O_4 + 6H_2O \tag{5-6}$$

$$2Fe(OH)_3 = Fe_2O_3 + 3H_2O \tag{5-7}$$

腐蚀的必要条件是氧化性体系，同时酸性环境能极大促进腐蚀反应的进行。

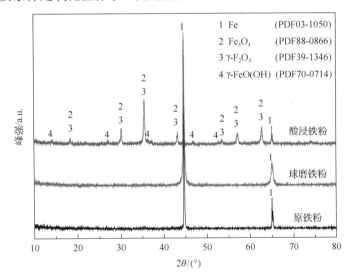

图 5-18　不同铁粉的 XRD 图谱

(2)球磨活化铁粉对砷的吸附作用

将 0.5g 原铁粉和球磨铁粉分别置于浓度为 1000mg/L，pH 为 5.0 的砷酸钠溶液中翻转振荡 18 小时。结果表明球磨铁粉对砷的吸附量为 181.3mg/g，原铁粉对砷的吸附量为 13.5mg/g。

铁粉的形状由球磨前的颗粒状变成球磨后的片状，促进了铁粉腐蚀以及对砷的吸附。在砷酸钠溶液中浸泡过的铁粉颗粒表面出现了一层含有大量砷的沉积物(图 5-19)。因此，球磨铁粉颗粒在酸性溶液中被腐蚀，其表面产生一层腐蚀层，而这层铁氧化物和水合氧化铁的腐蚀层对砷的吸附是废渣中砷浸出毒性降低的主要原因。

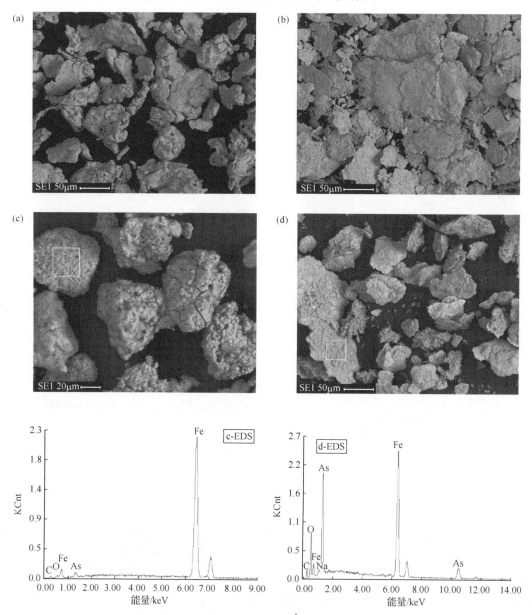

图 5-19　不同铁粉的 SEM-EDS 图
(a)原铁粉；(b)球磨铁粉；(c)吸附砷的原铁粉；(d)吸附砷的球磨铁粉

3. 砷的吸附机制

球磨铁粉腐蚀后其表面出现大量铁的氧化物和铁的氢氧化物(图 5-20)，但是吸附砷后其表面的铁氧化物的衍射峰消失，同时也未有新物质的衍射峰出现，砷是以非晶态形式存在于铁粉表面。

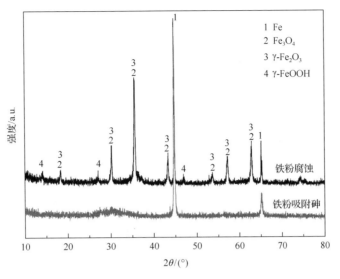

图 5-20　铁粉吸附砷前后 XRD 图谱

不同铁粉的红外图谱上(图 5-21)3428cm^{-1}的峰和 1640cm^{-1}的峰均为物料中水的峰。球磨后的铁粉表面除了吸附水外基本没有官能团；球磨铁粉经腐蚀后表面出现了大量铁的氧化物，在 475cm^{-1}以及 557cm^{-1}处出现了 Fe—O 键的峰，在 1021cm^{-1}处出现了 M—OH 的振动峰；球磨铁粉吸附砷后，在 824cm^{-1}处出现了 As—O 键的峰。结合实际操作过程中体系 pH 变化(图 5-22)，说明腐蚀后的铁粉表面生成的铁氧化物表面附带了大量羟基，在含砷溶液中砷酸根离子与铁氧化物表面的羟基进行离子交换，致使砷酸根离子络合于铁氧化物表面，同时交换下来的羟基也会导致溶液体系 pH 增加。

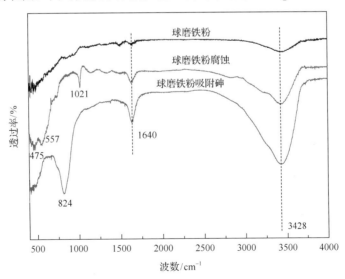

图 5-21　铁粉吸附砷前后红外图谱

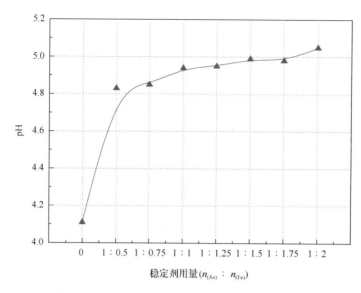

图 5-22　体系 pH 随铁粉添加量的变化图

4. 二氧化锰在砷酸铁渣稳定中的作用

(1)球磨过程中铁锰的反应机制

A. 球磨过程中的物相变化

在球磨时间为 0～240min 的 Fe-MnO₂ 球磨产物 XRD 图谱(图 5-23)上并没有出现新物质的峰，而原物质的特征峰却稍有减弱，说明 Fe 与 MnO₂ 在球磨过程中并没有发生自蔓延放热反应。其原因主要是 Fe 与 MnO₂ 未达到机械球磨诱发自蔓延放热反应的必要条件。根据机械力诱发自蔓延放热反应的条件，反应是否能快速完全进行与其反应的 $\Delta H/C$ 有关。只有当反应的 $\Delta H/C$ 大于 2000K 时，反应才能在机械力作用下短时间内完全反应。

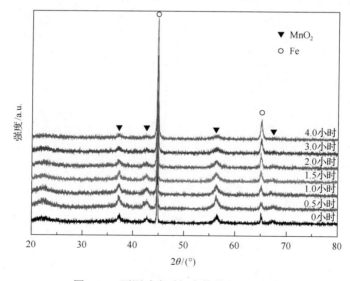

图 5-23　不同球磨时间产物的 XRD 图谱

所有 Fe 与 MnO_2 可能出现的反应 $\Delta H/C$ 均小于 2000K（表 5-22），说明 Fe 与 MnO_2 未达到机械球磨诱发反应的必要条件，因此在球磨过程中 Fe 与 MnO_2 发生的反应是局部缓慢进行的，可能只在铁粉颗粒表面发生了微弱的氧化还原反应。

表 5-22　Fe 和 MnO_2 可能发生的化学反应及热力学参数

序号	反应	$\Delta G_{298}/(kJ/mol)$	$(\Delta H/C)/K$
1	$2Fe+3MnO_2 = Fe_2O_3+3MnO$	−102.32	1746.8
2	$2Fe+6MnO_2 = Fe_2O_3+3Mn_2O_3$	−138.88	1418.8
3	$2Fe+4.5MnO_2 = Fe_2O_3+1.5Mn_3O_4$	−134.67	1765.3
4	$Fe+MnO_2 = FeO+MnO$	−33.79	1386.9
5	$Fe+2MnO_2 = FeO+Mn_2O_3$	−45.99	1227.8
6	$2Fe+3MnO_2 = 2FeO+Mn_3O_4$	−89.16	1484.5
7	$3Fe+4MnO_2 = Fe_3O_4+4MnO$	−142.23	1828.1
8	$3Fe+8MnO_2 = Fe_3O_4+4Mn_2O_3$	−190.98	1464.4
9	$3Fe+6MnO_2 = Fe_3O_4+2Mn_3O_4$	−185.36	1826.2

虽然 Fe 和 MnO_2 在球磨过程中没有达到自蔓延反应的条件，不会发生剧烈的化学反应，但是由表 5-22 中各反应式的吉布斯自由能可知，Fe 和 MnO_2 是能自发进行化学反应的，只是固固反应进行得比较缓慢。

锰元素分峰后的光电子能谱（图 5-24）表明，随着球磨时间延长 MnO_2 和 Mn_2O_3 的含量越来越少，MnO 的含量则越来越多。球磨反应开始时 MnO_2 和 Fe 反应生成 Mn_2O_3 和 MnO，但是随着球磨时间延长 Mn_2O_3 逐渐向 MnO 转化，此过程锰元素的化合价是降低

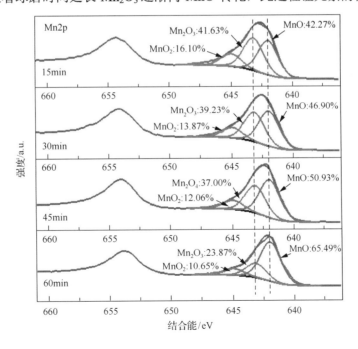

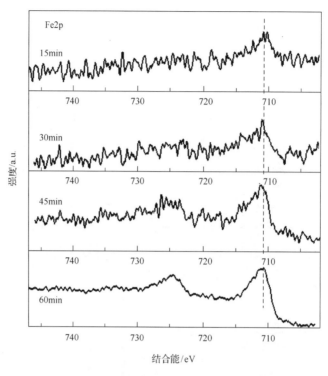

图 5-24   球磨后 Fe-MnO$_2$ 的 XPS 图谱

的。同时铁的光电子能谱图表明随着球磨时间的延长,体系中 Fe^{2+}和 Fe^{3+}的含量逐渐上升。因此,可以推断在球磨过程中 Fe 和 MnO$_2$ 发生了氧化还原反应,只是反应是局部缓慢的。这种局部缓慢反应使铁粉颗粒表面生成一层活性氧化产物,而这种产物对铁粉颗粒的腐蚀大有益处。

B. 球磨前后的形貌变化

球磨前后 Fe 与 MnO$_2$ 混合物中铁粉表面微观形貌(图 5-25)表明球磨前铁粉表面上粘

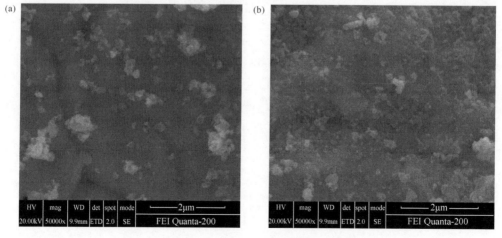

图 5-25   球磨前后铁粉表面微观形貌

(a)球磨前;(b)球磨后

附了一些非常细小的 MnO$_2$ 颗粒，但是其表面仍然非常光滑，而球磨后铁粉表面不仅黏附了很多细小的 MnO$_2$ 颗粒，同时铁粉表面变得十分粗糙，可能是由于表面发生了微区化学反应所致。

同样球磨过程会极大地改变铁粉颗粒的表面性质和颗粒大小(图 5-26)。随着球磨时间的延长球磨产物比表面积呈现波浪形变化规律：在 0～60min 内，球磨产物的比表面积逐渐增大，当球磨时间延长至 75min 时，球磨产物比表面积陡然减小。当球磨时间为 75～120min 时，球磨产物比表面积又随时间延长而上升。

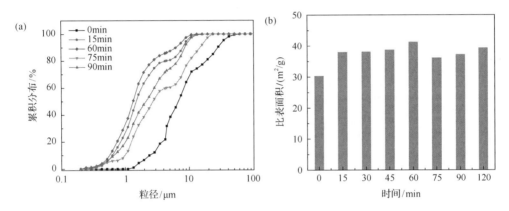

图 5-26 球磨不同时间 Fe-MnO$_2$ 稳定剂累积粒径分布和比表面积

(a)累积粒径分布；(b)比表面积

(2)二氧化锰对腐蚀过程的促进作用

A. 腐蚀过程物相变化

将球磨铁粉和二氧化锰混合物浸泡于 pH 为 5.0 的加了铁离子的乙酸溶液中并翻转振荡 18 小时，以模拟 Fe-MnO$_2$ 稳定剂在酸性环境下物相和形貌的变化。Fe-MnO$_2$ 吸附剂与铁粉一样产生了可吸附砷的铁氧化物腐蚀层，而且由于 MnO$_2$ 促进了铁粉的腐蚀，峰强明显高于铁粉产生的腐蚀产物(图 5-27)。此外 Fe-MnO$_2$ 的 XRD 图谱中还检测出了

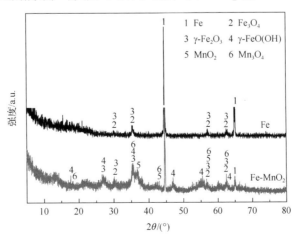

图 5-27 不同稳定剂腐蚀后 XRD 图谱

MnO_2 和 Mn_3O_4 等锰类物质。因此，$Fe-MnO_2$ 稳定剂对砷的稳定主要是由于零价铁的吸附作用，并且加入的 MnO_2 促进了 Fe 对砷的吸附能力。

B. 腐蚀过程形貌变化

未腐蚀铁粉、腐蚀后的铁粉以及腐蚀后的 $Fe-MnO_2$ 稳定剂 SEM（图 5-28）显示未腐蚀铁粉颗粒表面光滑；铁粉腐蚀后，其表面出现片状或针状形貌的腐蚀产物；而 $Fe-MnO_2$ 稳定剂腐蚀后，其表面出现颗粒状腐蚀产物。

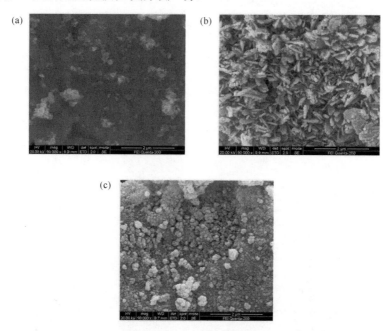

图 5-28　$Fe-MnO_2$ 稳定剂腐蚀前后 SEM 图

(a)未腐蚀铁粉；(b)腐蚀铁粉；(c)腐蚀 $Fe-MnO_2$

（3）腐蚀层对砷的吸附

将未球磨 $Fe-MnO_2$ 稳定剂和球磨后 $Fe-MnO_2$ 稳定剂分别置于砷酸铁渣 TCLP 浸出液中翻转振荡 18 小时，过滤收集的残渣在真空干燥箱中干燥后对其进行 SEM-EDS 检测（图 5-29）。未球磨的 $Fe-MnO_2$ 稳定剂表面絮状沉淀物比较少，而球磨后的 $Fe-MnO_2$ 稳定剂表面絮状沉淀物明显比未球磨的 $Fe-MnO_2$ 稳定剂多。对比图 5-29 (a) EDS 和图 5-29 (b) EDS，吸附后稳定剂表面都含有砷，未球磨的稳定剂表面砷的含量为 0.22%，而球磨的稳定剂表面砷的含量为 1.38%，可见球磨对稳定剂吸附砷具有明显促进作用。

（4）砷的吸附机制

$Fe-MnO_2$ 稳定剂腐蚀后其表面出现大量铁的氧化物和铁的氢氧化物的衍射峰，但是吸附砷后其表面的铁氧化物和铁的氢氧化物的衍射峰消失同时也未有新物质的衍射峰出现（图 5-30），砷是以非晶态形式存在于铁粉表面。

图 5-29　Fe-MnO₂ 稳定剂吸附砷后 SEM 图

(a) 未球磨 Fe-MnO₂；(b) 球磨 Fe-MnO₂

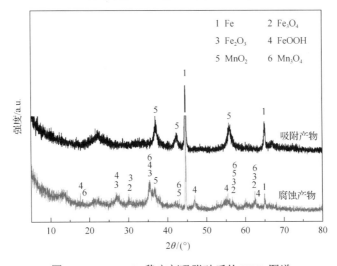

图 5-30　Fe-MnO₂ 稳定剂吸附砷后的 XRD 图谱

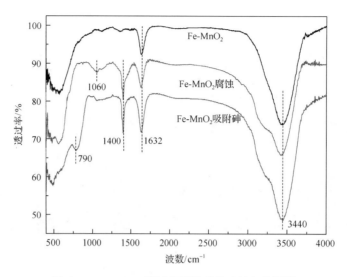

图 5-31　Fe-MnO$_2$ 腐蚀和吸附砷前后的红外图谱

红外图谱(图 5-31)中 3440cm^{-1} 的峰和 1632cm^{-1} 的峰均为物料中水羟基的峰，1400cm^{-1} 的峰为二氧化锰中水合组分的峰。Fe-MnO$_2$ 表面除了吸附水有较明显的峰外，在 400～600cm^{-1} 范围内还有较多的小峰，主要是铁的氧化物。Fe-MnO$_2$ 腐蚀后在 1060cm^{-1} 出现了 M-OH 的峰。Fe-MnO$_2$ 吸附砷后在 790cm^{-1} 出现了 As-O 键的峰，由此说明，M-OH 中的羟基与砷酸根离子交换使砷络合于吸附剂表面，同时体系 pH 会升高(图 5-32)。

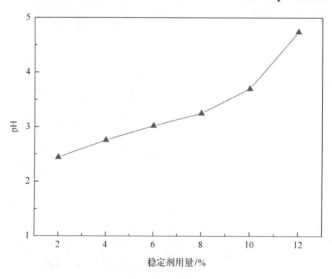

图 5-32　体系 pH 随稳定剂添加量的变化图

5.2.2　含砷废渣胶凝固化过程特征及机理

1. 胶凝固化水化过程

铜冶炼污酸钙渣及铅锌冶炼钙砷渣中均含有二水硫酸钙及少量半水硫酸钙和氢氧化

钙，其中二水硫酸钙与冶炼渣(即水淬渣)中的三氧化二铝和二氧化硅可发生胶凝反应，并形成二水石膏冶炼渣胶结材料体系，其凝结、硬化经历以下几个阶段：

1)水化初期：含砷废渣与冶炼渣经过预处理与其他胶体材料(水泥熟料等)均匀混合后加水，含砷废渣中少量氧化钙及其他可溶成分将迅速溶解于水中，释放出大量的 Ca^{2+} 和 OH^-，形成强碱性溶液，此时溶液中的离子迅速扩散到冶炼渣表面，侵蚀其玻璃体结构，水泥熟料中的矿物和二水石膏也随之立即溶解，在 $Ca(OH)_2$ 和石膏同时存在条件下水泥熟料中的铝酸三钙($3CaO \cdot Al_2O_3$，简式 C_3A)首先水化生成水化铝酸四钙(C_4AH_{13})，然后就会与石膏发生反应形成钙矾石，此时硅酸三钙($3CaO \cdot SiO_2$，简式 C_3S)和硅酸二钙($2CaO \cdot SiO_2$，简式 C_2S)，将水化形成水化硅酸钙胶体。

当水化反应继续进行，玻璃体逐渐溶解，水化产物逐渐增多，钙矾石以未反应冶炼渣为依托，呈放射生长。生成的钙矾石晶体成网状结构彼此交叉，但是此时形成的钙矾石结构无法完全形成空间骨架，仅以分散的结构存在。此时水化硅酸钙也在形成，新形成的水化硅酸钙填充在钙矾石网状结构中，使钙矾石结构与空间结构更为密集，从而支撑起整个固化体的强度。

随着反应继续进行，生成的水化硅酸钙与钙矾石等水化产物将沉积到冶炼渣与熟料表面并逐渐包裹玻璃体，过多的反应产物将隔绝液相与玻璃体的进一步接触，冶炼渣与熟料表面开始形成覆膜。

2)诱导期：在覆膜形成后，只有 OH^-、Ca^{2+} 等离子半径大小的物质可以穿过覆膜，水化速率减慢，扩散成为反应的控制性环节，开始进入诱导期。由于游离水减少和空余空间减少导致流动性降低，浆料将进入初凝阶段。

3)加速水化期：当水淬渣外层包裹的覆膜逐渐增厚，其内外的渗透压增加。当渗透压足够大时，冶炼渣外层包膜将发生破裂，水化反应速率开始加快。浆料将进入终凝阶段。

4)缓慢水化期：浆体完全硬化，具有一定的强度；水化产物的包覆作用随水化产物的不断增加而增强，胶结材料的水化速率逐渐变成受扩散速率控制。进入减速期后，液相中 $Ca(OH)_2$ 浓度降低，因此此后形成的钙矾石都是分散分布的单个晶体，充填在硬化体微结构孔隙中，形成的水化硅酸钙也是以低碱性的类型出现。分散钙矾石和水化硅酸钙的继续形成，以及两者更加紧密的交织和连锁提供了胶凝材料硬化体后期的强度。

熟料的主要成分有硅酸三钙、硅酸二钙、铝酸三钙、铁铝酸四钙及少量石膏，与水产生化学反应形成有结晶水的水化物及析出氢氧化钙如：

$$3CaO \cdot SiO_2 + H_2O = CaO \cdot 2SiO_2 \cdot 3H_2O + Ca(OH)_2$$

$$2CaO \cdot SiO_2 + 6H_2O = 3CaO \cdot 2SiO_2 \cdot 3H_2O + Ca(OH)_2$$

$$3CaO \cdot Al_2O_2 + H_2O = 3CaO \cdot Al_2O_2 \cdot 6H_2O$$

$$4CaO \cdot Al_2O_3 \cdot Fe_2O_3 + H_2O = 3CaO \cdot Al_2O_3 \cdot 6H_2O + CaO \cdot Fe_2O_3 \cdot H_2O$$

最后的氢氧化钙与石膏在空气中继续炭化凝固。废渣固化提高材料强度的机理主要是水泥熟料水化反应生成的水化硅酸钙对废渣颗粒产生胶结作用。

2. 含砷废渣固化体固砷机理

水泥主要通过物理包裹与化学反应来固定重金属。养护3天后固化体已经胶结较好，养护7天后形成了大量的颗粒状物质（图5-33），根据水泥熟料水化过程分析推测这些颗粒状物质为钙矾石与少量水化硅酸钙等凝胶物质，养护28天后固化体有大量针状晶体，结合图5-34能谱图可知该针状晶体为钙矾石。这部分钙矾石及水化硅酸钙可以有效包裹砷，从而达到降低砷浸出毒性的作用。

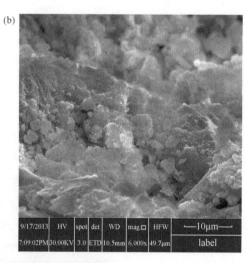
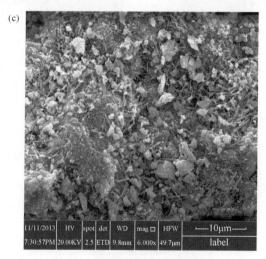

图 5-33　胶凝固化体扫描电镜图
(a) 3天；(b) 7天；(c) 28天

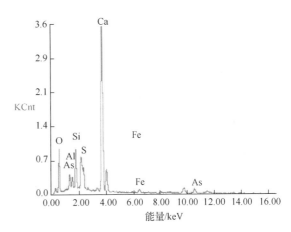

图 5-34　28 天胶凝固化体扫描电镜-能谱图

通过图 5-35 可以看出水泥中的部分化学物质可以与砷发生反应生成难溶的盐，包括四水合碱式砷酸钙和砷酸铁，从而使固化体中砷的浸出毒性降低。

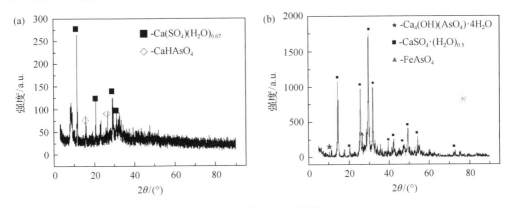

图 5-35　样品 XRD 图谱

(a)未固化样品；(b)固化样品

5.3　含砷废物机械解毒-胶凝固化处置工艺

5.3.1　工艺流程

根据前期研究结果，通过技术串联整合、装置匹配，集成机械解毒-胶凝固化技术处理含砷废渣。以某冶炼厂水处理产生的污酸渣为处理对象，对工艺参数进一步优化，工艺流程主要包括机械解毒工艺和胶凝固化工艺(图 5-36)。

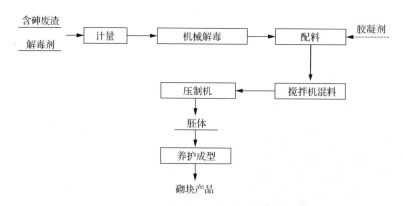

图 5-36　含砷废渣机械解毒-胶凝固化工艺流程

工艺过程：首先将含水原渣放入 105℃ 以上的烘箱中进行干燥，再将烘干的含砷废渣与重金属解毒剂按相应的比例放入球磨机中，按一定的球料比加入不锈钢球，启动球磨机，转速 120r/min 以上球磨 1～3 小时，打开球磨机下面出料口，待球磨解毒后的含砷废渣全部落入接料桶，再称取一定量的解毒渣倒入搅拌斗内，开启搅拌机，向搅拌机内缓慢加入一定量的胶凝固化剂，搅拌 2min 左右，再加入一定量的水继续搅拌 2min 左右，然后再将混合料倒入传送带运入压制机内，按压制机的操作规程进行压制成型，再放入 60℃ 的烘箱内进行养护 6～12 小时，得到高性能胶凝固化砌块产品。

5.3.2　设备的选型

1. 计量设备

采用台秤和电子天平进行计量，台秤量程 0～150kg，主要用于称取含砷废渣，电子天平量程 0～5kg，用于称取解毒剂、胶凝固化剂等。

2. 烘箱

烘箱(YNDS378-3G)主要用于烘干含砷废渣的自由水以及胶凝固化块的养护，见表 5-23。

表 5-23　YNDS378-3G 型烘箱主要技术参数

项目	技术参数
烘烤空间	1300mm×900 mm×900mm
外形尺寸	1810mm×1280mm×1120mm
工作温度	室温至 300℃ 任意调节
控温精度	1℃
温度均匀度	3℃加热功率：12kW
鼓风功率	750W
使用电压	380V/50Hz(三相五线)

3. 球磨机

球磨机(JM-100)配有 120kg 的不锈钢球，主要用于对重金属废渣进行机械力化学球磨解毒，见表 5-24。

表 5-24　JM-100 搅拌球磨机主要技术参数

项目	技术参数
研磨罐体积	100L
研磨罐内衬	不锈钢
搅拌器	棒式
转速	60~130r/min
磨介	适应 Φ5mm 及以下磨介
电机功率	7.5kW
粉碎粒度	可达 0.5~1μm
设备电源	380V

4. 成套压制机设备

成套压制机设备主要用于高性能胶凝固化块的压制成型。

5.3.3　含砷废渣性质

1. 污酸渣元素组成

污酸渣化学元素及含量见表 5-25。其中镉、砷、硫含量分别为 21.8%、27.3% 和 15.6%。

表 5-25　污酸渣元素含量　　　　　　　　　（质量分数，%）

项目	元素							
	Cd	Pb	Fe	S	Zn	As	Na	Al
含量	21.8	0.6	0.1	15.6	0.1	27.3	4.2	0.1

2. 浸出毒性

采用翻转振荡法分析重金属的浸出毒性(表 5-26)，其中砷和镉的浸出毒性分别为 1614mg/L 和 7.26mg/L。

表 5-26　污酸渣元素浸出毒性分析　　　　　（单位：mg/L）

项目	元素成分									
	Cd	Pb	Zn	Be	Cu	Ag	Hg	Cr	Se	As
浸出毒性	7.26	ND	0.3	ND	0.01	0.1	ND	0.01	ND	1614
阈值	≤1	≤5	≤100	≤0.02	≤100	≤5	≤0.2	≤5	≤1	≤5

注：ND 为未检出。

3. 含水率

污酸渣的含水率为 52%。

4. 砷物相

采用矿物物相分析方法分析废渣中砷的形态，各形态分布见表 5-27。

表 5-27　污酸渣中砷的形态分析　　　　（单位：质量分数）

形态	砷硫化物	砷酸盐	砷氧化物	单质砷
含量	20.01	1.09	6.70	0.39

5.3.4　运行情况

含砷固体废物机械解毒-胶凝固砷工艺中的主要原料有污酸渣、水淬渣、解毒剂、A/B 胶凝剂、稀释剂等。

污酸渣的预处理及消耗量：中试所取污酸渣含水率 50%左右，将污酸渣的自由水全部烘干，再与解毒剂进行配比球磨。每次球磨 10kg 干渣，消耗污酸渣 20kg 左右。

水淬渣的预处理及消耗量：水淬渣主要用作污酸渣球磨解毒过程中的稳定促进剂及砌块强化剂，中试所取水淬渣含水率 10%左右，按照实验条件，需将水淬渣的自由水全部烘干，再按一定比例与污酸渣进行混合球磨。每批次使用的水淬渣为污酸渣的 0.1～1 倍，所消耗水淬渣为 2～20kg。

解毒剂消耗量：根据实验研究，渣中砷的物质的量与解毒剂的物质的量之比为解毒剂：砷≥1：1 时才能达到理想的解毒效果。因此，解毒剂的用量由原渣中砷的含量决定。

胶凝剂消耗量：胶凝剂选用 A/B 胶凝剂，其中 A：B=2：1，加入 0.5 倍稀释剂进行溶解稀释，加入少量固化剂和增韧剂。按实验最优条件，渣：胶 = 4：1，因此每批次固化 10kg 解毒后的物料，所需 A 胶凝剂 1kg，B 胶凝剂 0.5kg，稀释剂 1kg，固化剂 0.09kg，增韧剂 0.045kg。

对机械解毒工艺进行优化，结果如图 5-37 所示。砷、镉浸出毒性随着球磨时间增加、

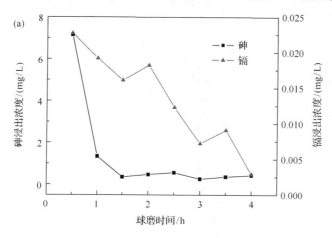

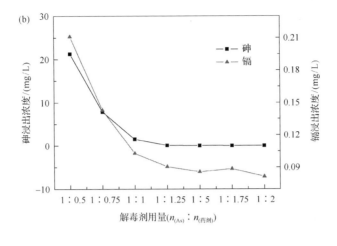

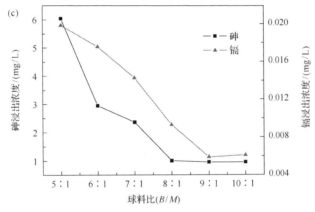

图 5-37　各工艺参数对污酸渣解毒效果的影响

(a)球磨时间；(b)解毒剂用量；(c)球料比

解毒剂添加量增加、球料比增加均呈现降低的趋势，当球磨时间 1 小时、解毒剂添加量 $n(\mathrm{As})\!:\!n(\mathrm{Fe})\!=\!1\!:\!1$、球料比 6∶1 条件下，污酸渣中砷浸出毒性即可达标。

污酸渣及固化产品，如图 5-38 所示。

在最佳工艺参数条件下制作的砌块具有较好的性能，浸出毒性见表 5-28，砌块抗压性能经检测，抗压强度达到了 15.77MPa。

图 5-38　污酸渣及固化砌块产品

(a)污酸渣；(b)砌块产品

表 5-28　固化体砌块浸出毒性分析

项目	元素成分/(mg/L)									
	Cd	Pb	Zn	Be	Cu	Ag	Hg	Cr	Se	As
国家标准	≤1	≤5	≤100	≤0.02	≤100	≤5	≤0.2	≤5	≤1	≤5
浸出毒性(处理前)	7.26	0	0.3	ND	0.01	0.1	ND	0.01	ND	1614
浸出毒性(处理后)	0.1	0.2	0.1	ND	ND	0.02	ND	ND	ND	3.4

注：ND 为未检出。

5.3.5　工艺效果

采用机械解毒-胶凝固化技术处理含砷废渣，通过机械力作用实现重金属的稳定化转变，并且使渣中钙成分激活，再进一步通过胶凝固化使解毒砷渣转变为一种具有高强度的砌块类建材产品。固化体中 Pb、As、Cd、Zn 浸出毒性及放射性指标均低于《危险废物鉴别标准　浸出毒性鉴别》（GB 5085.3—2007）及《建筑材料放射性核素限量》（GB6566—2010）规定的限值，固化体强度达到 8MPa 以上，满足了各企业内建筑用料的要求，从而达到此类废渣 100%资源化的目标。

5.4　含砷固体废物无害化处理处置中试工程

利用中试扩大试验进一步考察解毒–胶凝固化技术方案处理铜冶炼含砷废渣工艺的可行性。中试工程采用某铜冶炼企业产生的污酸钙渣和浮选渣为处理对象，处理规模为100t/a。

5.4.1　工艺流程

中试实验工艺流程如图 5-39 所示。

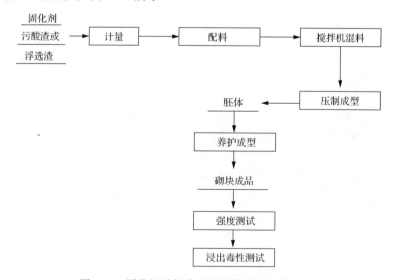

图 5-39　固化污酸钙渣和浮选渣中试工艺流程

胶凝固砷中试工艺原料有污酸钙渣、浮选渣、复合硅酸盐水泥、环氧树脂有机胶、普通硅酸盐水泥熟料。胶凝固砷中试系统成套砖机设备每次处理烘干污酸渣 30kg 左右，每天约消耗 300kg。

1. 复合硅酸盐水泥固化过程

按照实验条件，把污酸钙渣、浮选渣放在烘箱内烘干，磨细过 20 目筛。配料过程先将已过 20 目筛的干渣和复合水泥，倒入搅拌机内，然后开动搅拌机，将这两种渣分别和水泥混合，搅拌 5min 左右至完全混匀，再以喷洒方式向搅拌机内喷入一定量的水，搅拌 10min 左右，保证混合料湿度满足砖机的要求，然后进行压制成型。

2. 环氧树脂有机胶固化过程

环氧树脂有机胶需要现配现用，配制过程需要温水水浴加热。按照实验条件，把污酸钙渣和浮选渣放在烘箱内烘干，磨细过 20 目筛。配料过程先将已过 20 目筛的污酸钙渣和浮选渣，倒入搅拌机内，然后开动搅拌机，将现配的环氧树脂有机胶以喷洒方式喷入搅拌机内与渣混合，搅拌 2min 左右，保证混合料湿度满足压制砖的要求，然后进行压制成型。

3. 硅酸盐水泥熟料协同胶凝固化过程

按照实验条件，把污酸钙渣、浮选渣放在烘箱内烘干，磨细过 20 目筛。配料过程先将已过 20 目筛的浮选渣、污酸钙渣和水泥熟料，倒入搅拌机内，然后开动搅拌机，搅拌 5min 左右至完全混匀，再以喷洒方式向搅拌机内喷入一定量的水，搅拌 10min 左右，保证混合料湿度满足砖机的要求，然后进行压制成型。

5.4.2　移动式中试装置的设计

采用移动式中试装置(图 5-40)对设备进行集成，通过移动式中试装置可以实现废渣产生现场的中试实验。设备集成于移动工作室内，移动工作室不仅设计成便于吊装、运输的集装箱式结构，同时还自带电控、通风系统以便于现场的实验操作，该移动化设备操作简单、灵活，移动方便，占地少。

胶凝固化系统工作室体积为 4100mm×2300mm×2360mm，其中包含有称量装置、球磨桶、搅拌槽、压砖机、实验工作台、通风系统、电控系统等(图 5-41、表 5-29)，可以实现 30kg/批次的胶凝固化实验。

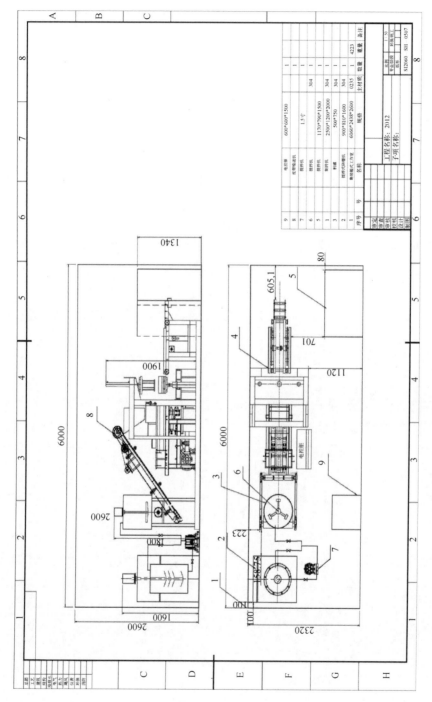

图5-40 胶凝固化系统移动式中试装置设计图

图 5-41　胶凝固化系统移动式中试装置实物图

(a)烘箱；(b)成套砖机；(c)球磨机

表 5-29　设备清单

序号	设备名称	规格参数	数量	材质
1	集装箱式工作室	6060×2438×2600mm	1 套	Q235
2	电缆线	YJV3×16＋2×10	25m	
3	电器设备控制柜	800×450×1100	1 套	
4	成套砖机设备	4000×1200×2000	1 套	
5	球磨机	JM-100	1 台	
6	304 不锈钢球	与球磨机配套用	120kg	304
7	不锈钢桶	500×400	2 个	304
8	塑料桶	10L	3 个	
9	压力喷壶	1.5L	2 个	
10	轴流风机	0.15kW	1 台	
11	烘箱	YNDS378-3G	1 台	
12	砖机控制柜	1200×800×400	1 套	
13	水勺	1L	2 个	
14	电子秤	100KG	1 台	
15	凳子	600×400×350	1 个	Q235

5.4.3 中试工程工艺

为了得到硅酸盐水泥、环氧树脂有机胶、硅酸盐水泥熟料三种胶凝材料制成的抗压强度满足 MU10 砖要求（10MPa≤MU10＜15MPa）及重金属浸出毒性达标的固化块，考察了这三种胶凝材料不同添加量对污酸钙渣和浮选渣固化体强度和浸出毒性的影响；为了降低固化体的增容比及经济成本，重点考察了硅酸盐水泥熟料协同固化污酸钙渣和浮选渣。

1. 现场图片

中试选择在某铜冶炼企业污酸废水处理车间旁进行，中试现场如图 5-42～图 5-46 所示。

中试现场

图 5-42　胶凝固化系统移动式中试装置实物图

图 5-43　复合硅酸盐水泥固化废渣现场图

图 5-44　环氧树脂有机胶固化废渣现场图

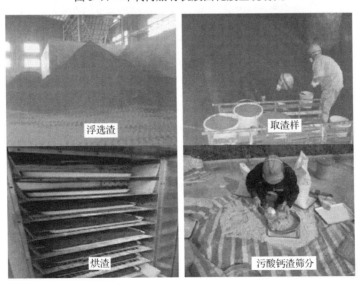

搅拌   压制成型   砖胚体

图 5-45   水泥熟料协同固化废渣现场图

复合硅酸盐水泥固化污酸钙渣固化体

复合硅酸盐水泥固化浮选渣固化体

环氧树脂有机胶固化污酸钙渣固化体

环氧树脂有机胶固化浮选渣固化体

硅酸盐水泥熟料协同固化污酸钙渣和浮选渣固化体

图 5-46　不同胶凝材料固化废渣的成品图

2. 中试工艺运行结果

（1）复合硅酸盐水泥固化污酸钙渣

采用复合硅酸盐水泥作为固化材料，其掺量分别为 30%、40%、50%、60% 和 70%，水灰比为 0.33，压制成型的试块为 200cm×100cm×5cm，成型压力为 10MPa（以下均采用此型号模具和成型压力）。养护 28 天后测试其固化体的强度和浸出毒性，结果见图 5-47 和表 5-30。

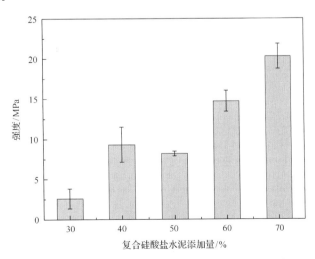

图 5-47　复合硅酸盐水泥添加量对污酸钙渣固化体强度的影响

表 5-30　固化体浸出毒性　　　　　　　　　　　　　　（单位：mg/L）

编号	元素		
	As	Cu	Pb
1-0	0.09	0.04	0.05
1-1	0.07	0.04	0.06
1-2	0.07	0.04	0.06
1-3	0.13	0.21	0.01
1-4	0.18	0.82	0.02
阈值	≤5	≤100	≤5

固化体抗压强度由复合硅酸盐水泥添加量决定，随着水泥掺入量增加，固化体抗压强度呈增加趋势。当复合硅酸盐水泥掺入量 60%时，固化体 28 天的抗压强度为 14.7MPa，满足 MU10 砖抗压强度 10MPa≤MU10＜15MPa 的要求。且固化体养护 28 天后，As、Cu、Pb 的浸出浓度均远低于阈值。

(2)复合硅酸盐水泥固化浮选渣

复合硅酸盐水泥掺量分别为 20%、30%、40%、50%和 60%，水灰比为 0.21 时，对浮选渣固化体抗压强度和浸出毒性的影响结果见图 5-48 和表 5-31。

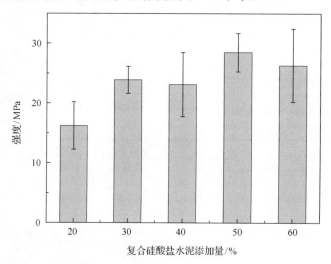

图 5-48　复合硅酸盐水泥添加量对浮选渣固化体强度的影响

表 5-31　浮选渣固化体浸出毒性　　　　　　　　　　　　　（单位：mg/L）

编号	元素		
	As	Cu	Pb
2-1	0.08	n.d.	—
2-2	0.15	n.d.	0.01
2-3	0.27	n.d.	—
2-4	0.13	n.d.	0.01
2-5	0.1	0.42	0.02
阈值	≤5	≤100	≤5

固化体抗压强度随着复合硅酸盐水泥掺入量增加，固化体抗压强度呈先增加后降低的趋势。当复合硅酸盐水泥掺入量 20%时，固化体 28 天的抗压强度为 16.2MPa，满足 MU10 砖抗压强度 10MPa≤MU10＜15MPa 的要求，且固化体养护 28 天后的 As、Cu、Pb 的浸出浓度均远低于阈值。

（3）环氧树脂有机胶固化污酸钙渣

分别考察环氧树脂有机胶掺量为 10%、15%、20%、25%和 30%对固化体抗压强度和浸出毒性的影响，液固比为 0.35，养护 28 天后测试固化体的强度和浸出毒性（图 5-49）。

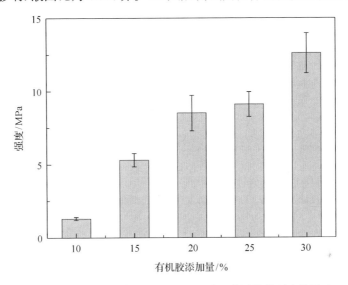

图 5-49　环氧树脂有机胶添加量对污酸钙渣固化体强度的影响

随着环氧树脂有机胶添加量增加，固化体抗压强度呈增加趋势，当环氧树脂有机胶添加量为 30%时，固化体 28 天的抗压强度为 12.6MPa，满足 MU10 砖抗压强度 10MPa≤MU10＜15MPa 的要求。

（4）环氧树脂有机胶固化浮选渣

分别考察环氧树脂有机胶掺量为 5%、10%、15%、20%和 25%对固化体抗压强度和浸出毒性的影响，液固比为 0.18，养护 28 天后测试其固化体的强度和浸出毒性。

固化体抗压强度随着环氧树脂有机胶添加量增加呈先增加后降低趋势（图 5-50），当添加量为 10%时，固化体 28 天的抗压强度为 12.1MPa，满足 MU10 砖抗压强度 10MPa≤MU10＜15MPa 的要求，且固化体养护 28 天后的 As、Cu、Pb 的浸出浓度均低于阈值（表 5-32）。

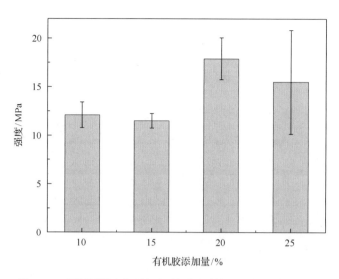

图 5-50 环氧树脂有机胶添加量对浮选渣固化体强度的影响

表 5-32 固化体浸出毒性 （单位：mg/L）

编号	元素		
	As	Cu	Pb
4-1	1.76	7.51	1.12
4-2	1.57	5.85	1.60
4-3	1.47	5.44	1.34
4-4	2.80	8.08	2.72
阈值	≤5	≤100	≤5

（5）硅酸盐水泥熟料协同固化污酸钙渣和浮选渣

A. 以浮选渣为处理对象

在先前的实验室研究基础上进行中试实验，实验条件见表 5-33。

表 5-33 硅酸盐水泥熟料协同固化浮选渣条件

编号	胶凝材料/%		浮选渣/%	水灰比
	污酸钙渣(30%)	水泥熟料(70%)		
5-1	5		90	0.21
5-2	10		80	0.21
5-3	20		70	0.21
5-4	30		60	0.21
5-5	40		50	0.21
5-6	50		40	0.21

固化体抗压强度随着胶凝材料添加量的增加呈先增加后降低趋势(图 5-51)，当胶凝材料添加量为 30%时，固化体 28 天的抗压强度为 13.6MPa，满足 MU10 砖抗压强度 10MPa≤MU10<15MPa 的要求，且 As、Cu、Pb 的浸出浓度均低于阈值表 5-34。

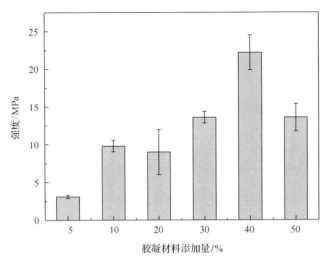

图 5-51 胶凝材料添加量与浮选渣固化体强度的关系

表 5-34 固化体浸出毒性 (单位：mg/L)

编号	元素		
	As	Cu	Pb
5-1	0.26	1.53	0.01
5-2	0.24	0.16	n.d.
5-3	0.26	n.d.	0.01
5-4	0.05	n.d.	0.04
5-5	0.04	n.d.	—
阈值	≤5	≤100	≤5

B. 以污酸钙渣为主要处理对象

硅酸盐水泥熟料协同固化污酸钙渣条件控制见表 5-35。

表 5-35 硅酸盐水泥熟料协同固化污酸钙渣条件

编号	胶凝材料/%		污酸钙渣/%	水灰比
	浮选渣(50%)	水泥熟料(50%)		
6-1	20		80	0.21
6-2	30		70	0.21
6-3	40		60	0.21
6-4	50		50	0.21
6-5	60		40	0.21

固化体抗压强度随着胶凝材料添加量的增加呈增加趋势(图 5-52)。当水泥熟料添加量为 30%、浮选渣添加量为 30%和污酸钙渣添加量为 40%时,固化体 28 天的抗压强度为 13.1MPa,满足 MU10 砖抗压强度 10MPa≤MU10<15MPa 的要求,且固化体养护 28 天后的 As、Cu、Pb 的浸出浓度均低于阈值(表 5-36)。

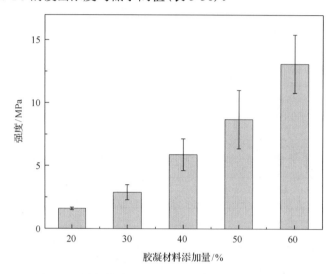

图 5-52　胶凝材料添加量与浮选渣固化体强度的关系

表 5-36　固化体浸出毒性　　　　　　　　(单位：mg/L)

编号	元素		
	As	Cu	Pb
6-1	0.14	0.22	n.d.
6-2	0.13	n.d.	n.d.
6-3	0.11	n.d.	0.01
6-4	0.08	n.d.	0.01
6-5	0.04	n.d.	0.02
阈值	≤5	≤100	≤5

(6)不同胶凝体系固化污酸钙渣的固化体增容比计算

选取污酸钙渣固化体抗压强度满足 MU10 砖抗压强度且固化体浸出毒性低于阈值时复合硅酸盐水泥的添加量最少(即复合水泥添加量为 60%时)的固化体增容比为参照,此时固化体增容比 $\gamma_{水泥1}$ 为

$$\gamma_{水泥1} = \frac{m_{水泥} + m_{钙渣}}{m_{钙渣}} \times \frac{\rho_{钙渣振实密度}}{\rho_{固化体1}} = \frac{1}{0.4} \times \frac{1.376}{1.779} = 1.9336$$

环氧树脂有机胶固化污酸钙渣固化体满足要求时最小增容比(即环氧树脂有机胶添加量为 4%时):

$$\gamma_{有机胶1} = \frac{m_{有机胶}+m_{钙渣}}{m_{钙渣}} \times \frac{\rho_{钙渣振实密度}}{\rho_{固化体2}} = \frac{1}{0.7} \times \frac{1.376}{1.421} = 1.383$$

环氧树脂有机胶与复合硅酸盐水泥固化剂固化污酸钙渣的增容比比较：

$$\frac{\gamma_{有机胶1} - \gamma_{水泥1}}{\gamma_{水泥1}} = \frac{1.383 - 1.9336}{1.9336} = -28.45\%$$

环氧树脂有机胶比复合水泥固化污酸钙渣的体积增容比降低了 28.45%。

水泥熟料协同浮选渣固化污酸钙渣的固化体满足要求时最小增容比为

$$\gamma_{协同} = \frac{m_{熟料} + m_{浮选渣} + m_{钙渣}}{\dfrac{m_{浮选渣}}{\rho_{浮选渣振实密度}} + \dfrac{m_{钙渣}}{\rho_{钙渣振密度}}} \times \frac{1}{\rho_{固化体3}} = \frac{100}{\dfrac{30}{2.377} + \dfrac{40}{1.376}} \times \frac{1}{2.121} = 1.13$$

水泥熟料协同浮选渣固化污酸钙渣与复合硅酸盐水泥固化污酸钙渣的增容比比较：

$$\frac{\gamma_{协同} - \gamma_{水泥1}}{\gamma_{水泥1}} = \frac{1.13 - 1.933}{1.933} = -41.49\%$$

水泥熟料协同浮选渣固化污酸钙渣比复合硅酸盐水泥固化的体积增容比降低了 41.49%。

第6章 铜冶炼行业污染源环境管理措施

6.1 铜冶炼环境管理依据

6.1.1 管理政策

《固定污染源排污许可分类管理名录》

《排污口规范化整治技术要求(试行)》(国家环保局 环监〔1996〕470 号)

《污染源自动监控设施运行管理办法》(环发〔2008〕6 号)

《国家发展改革委关于进一步贯彻落实加快产业结构调整措施遏制铜冶炼投资盲目过快增长的紧急通知》(2006 年 11 月 24 日)

《产业结构调整指导目录》(2011 年本)

《有色金属工业"十二五"发展规划》

《中华人民共和国环境保护法》

《中华人民共和国水污染防治法》

《中华人民共和国大气污染防治法》

《中华人民共和国固体废物污染环境防治法》

《中华人民共和国环境影响评价法》

《建设项目环境保护管理条例》

《中华人民共和国清洁生产促进法》

《中华人民共和国循环经济促进法》

6.1.2 技术政策

《铜冶炼污染防治可行技术指南(试行)》(环境保护部公告 2015 年第 24 号)

《铜冶炼行业规范条件》(工业和信息化部公告 2014 年第 29 号)

6.1.3 技术标准

GB 20424 重金属精矿产品中有害元素的限量规范

GB 13271 锅炉大气污染物排放标准

GB 25467 铜、镍、钴工业污染物排放标准

GB/T 16157 固定污染源排气中颗粒物测定与气态污染物采样方法

GB 5085.1~3-2007 危险废物鉴别标准

GB 18599—2001 一般工业固体废物储存、处置场污染控制标准

GB 18597—2001 危险废物储存污染控制标准

HJ 558—2010 清洁生产标准　铜冶炼业

HJ 559—2010 清洁生产标准　铜电解业

HJ 493　水质采样样品的保存和管理技术规定

HJ 494　水质采样技术指导

HJ 495　水质采样方案设计技术规定

HJ 820　排污单位自行监测技术指南　火力发电及锅炉

HJ/T 55　大气污染物无组织排放监测技术导则

HJ/T 75　固定污染源烟气排放连续监测技术规范(试行)

HJ/T 76　固定污染源烟气排放连续监测系统技术要求及监测方法(试行)

HJ/T 91　地表水和污水监测技术规范

HJ/T 353　水污染源在线监测系统安装技术规范(试行)

HJ/T 354　水污染源在线监测系统验收技术规范(试行)

HJ/T 355　水污染源在线监测系统运行与考核技术规范(试行)

HJ/T 356　水污染源在线监测系统数据有效性判别技术规范(试行)

HJ/T 397　固定源废气监测技术规范

HJ 863.3—2017　排污许可证申请与核发技术规范 有色金属工业——铜冶炼

HJ 819—2017　排污单位自行监测技术指南 总则

质监总局　环境保护部商务部关于分布进口铜精矿中有毒有害元素限量的公告(2017年第 106 号)

6.2　铜冶炼环境管理方法

6.2.1　资料审查方法

1. 检查资料的完备性

需要检查的资料内容包括环评、"三同时"、排污许可证、清洁生产审核、固体废物处置、环境应急等方面。

2. 检查资料内容

与相关法律法规相比较。

3. 检查资料的真实性

根据不同资料在时间和工况上的一致性进行判断。

6.2.2　现场检查方法

根据所收集资料在现场对企业生产车间、公共工程设施进行观察，主要检查工艺设备铭牌参数、运行状态、在线监测设备运行情况等，对可能存在环境违法行为的关键设备、场所、物品，应拍照取证。

6.2.3　现场测算方法

现场测算的方法主要包括便携式仪器测量法、在线监测法、物料衡算法，测算内容主要是铜冶炼行业生产企业内重点工序废气污染物排放及污水处理站排口污染物浓度等。

1. 便携式仪器测量法

便携式仪器测量法主要是指使用便携式水质分析仪测定污水处理站排口污染物浓度，或者使用便携式流量计实测管道内液体的瞬时流量和累计流量。

2. 在线监测数据法

检测企业在线监测系统是否正常运行，调取最近一年的在线监测数据。

3. 物料衡算法

在不具备快速测定污染物排放情况时，可根据收集的企业原辅料、产品、副产物等的分析数据，根据元素在生产过程的走向，推算各污染源污染物排放量。

6.3　铜冶炼砷污染源环境管理要点

6.3.1　环境影响评价与"三同时"制度执行情况管理要点

建设项目是否按国家和地方环境保护要求履行了环境影响评价和"三同时"竣工环保验收手续，其手续是否完备合法等。环境影响评价文件及审批文件、竣工环保验收调查文件及验收意见等提出的各项要求是否达到。

1. 已经完成竣工环保验收的工程

逐条核实其验收意见中的环境保护要求执行情况。是否与环境影响评价批复文件要求存在重大不符情况。

2. 已运行但尚未完成竣工环保验收的工程

逐条核实其环境影响评价审批文件中的环境保护要求执行情况。

3. 在建工程

分析在建期间的环境行为是否满足环境影响评价的要求,包括环境影响评价及审批要求分阶段落实的其他要求,如周边环境的治理、可能涉及的搬迁等。

违反《中华人民共和国环境影响评价法》规定,将受到以下处罚:

1)建设单位未依法报批建设项目环境影响报告书、报告表,或者未依照本法第二十四条的规定重新报批或者报请重新审核环境影响报告书、报告表,擅自开工建设的,由县级以上环境保护行政主管部门责令停止建设,根据违法情节和危害后果,处建设项目总投资额百分之一以上百分之五以下的罚款,并可以责令恢复原状;对建设单位直接负责的主管人员和其他直接责任人员,依法给予行政处分。

2)接受委托为建设项目环境影响评价提供技术服务的机构在环境影响评价工作中不负责任或者弄虚作假,致使环境影响评价文件失实的,由授予环境影响评价资质的环境保护行政主管部门降低其资质等级或者吊销其资质证书,并处所收费用一倍以上三倍以下的罚款;构成犯罪的,依法追究刑事责任。

3)负责审核、审批、备案建设项目环境影响评价文件的部门在审批、备案中收取费用的,由其上级机关或者监察机关责令退还;情节严重的,对直接负责的主管人员和其他直接责任人员依法给予行政处分。

4)环境保护行政主管部门或者其他部门的工作人员徇私舞弊,滥用职权,玩忽职守,违法批准建设项目环境影响评价文件的,依法给予行政处分;构成犯罪的,依法追究刑事责任。

6.3.2　排污许可证执行情况管理要点

合规是指铜冶炼排污单位许可事项和环境管理要求符合排污许可证规定[152,153]。

许可事项合规是指铜冶炼排污单位排放口位置和数量、排放方式、排放去向、排放污染物种类、排放限值符合许可证规定。其中,排放限值合规是指铜冶炼排污单位污染物实际排放浓度和排放量满足许可排放限值要求,环境管理要求合规是指铜冶炼排污单位按许可证规定落实自行监测、台账记录、执行报告、信息公开等环境管理要求。

铜冶炼排污单位可通过环境管理台账记录、按时上报执行报告和开展自行监测、信息公开,自证其依证排污,满足排污许可证要求。环境保护主管部门可依据排污单位环境管理台账、执行报告、自行监测记录中的内容,判断其污染物排放浓度和排放量是否满足许可排放限值要求,也可通过执法监测判断其污染物排放浓度是否满足许可排放限值要求。

1. 产排污节点及对应排放口

铜冶炼排污单位应填报国家或地方污染物排放标准、环境影响评价批复要求、承诺更加严格排放限值,其余项依据技术规范内容填报产排污节点及排放口信息(表6-1)。

表 6-1 产排污节点、排放口及污染因子一览表

产排污节点	排放口	排放口类型	污染因子
废气有组织排放			
原料制备	原料制备系统烟囱/排气筒	一般排放口	颗粒物
熔炼炉、吹炼炉	制酸尾气烟囱	主要排放口	颗粒物、二氧化硫、氮氧化物、铅及其化合物、砷及其化合物、汞及其化合物、硫酸雾、氟化物
阳极炉(精炼炉)	制酸尾气烟囱/精炼烟囱	主要排放口	颗粒物、二氧化硫、氮氧化物、铅及其化合物、砷及其化合物、汞及其化合物、硫酸雾、氟化物
炉窑等	环境集烟烟囱	主要排放口	颗粒物、二氧化硫、氮氧化物、铅及其化合物、砷及其化合物、汞及其化合物、硫酸雾、氟化物
锅炉	烟气排放口	一般排放口	颗粒物、二氧化硫、氮氧化物、汞及其化合物[①]、烟气黑度(林格曼黑度,级)
电解槽,电解液循环槽		一般排放口	硫酸雾
电积槽及其他槽		一般排放口	硫酸雾
真空蒸发器、脱铜电积槽		一般排放口	硫酸雾
废气无组织排放			
厂界		企业周边	二氧化硫、颗粒物、硫酸雾、氯气、氯化氢、氟化物、铅及其化合物、砷及其化合物、汞及其化合物
废水排放			
废水类别	废水排放口	排放口类型	主要污染因子
生产废水	废水总排放口	主要排放口	pH、悬浮物、化学需氧量、氟化物、总氮、总磷、氨氮、总锌、石油类、总铜、硫化物、总铅、总砷、总镉、总汞、总镍、总钴
	车间或生产设施废水排放口	主要排放口	总铅、总砷、总镉、总汞、总镍、总钴

注:氮氧化物只适用于特别排放限值区域的排污单位。
①:适用于燃煤锅炉。

2. 许可排放限值

(1)许可排放浓度

排污单位废气许可排放浓度依据 GB 13271、GB 25467 确定,许可排放浓度为小时均值浓度。有地方排放标准要求的,按照地方排放标准确定。排污单位水污染物许可排放浓度按照 GB 25467 确定,许可排放浓度为日均浓度(pH 为任何一次监测值)。

A. 废水执行标准[154]

自 2012 年 1 月 1 日起,现有企业执行《铜、镍、钴工业污染物排放标准》(GB 25467—2010)中新建企业废水污染物排放浓度限值(表 6-2)。

表 6-2　新建企业水污染物排放浓度限值及单位产品基准排水量(单位：mg/L，pH 除外)

序号	污染物项目	限值		污染物排放监控位置
		直接排放	间接排放	
1	pH	6～9	6～9	企业废水总排放口
2	悬浮物	30	140	
3	化学需氧量(COD_{Cr})	100(湿法冶炼)	300(湿法冶炼)	
		60(其他)	200(其他)	
4	氟化物(以 F 计)	5	15	
5	总氮	15	40	
6	总磷	1.0	2.0	
7	氨氮	8	20	
8	总锌	1.5	4.0	
9	石油类	3.0	15	
10	总铜	0.5	1.0	
11	硫化物	1.0	1.0	
12	总铅	0.5		生产车间或设施废水排放口
13	总镉	0.1		
14	总镍	0.5		
15	总砷	0.5		
16	总汞	0.05		
17	总钴	1.0		
单位产品基准排水量	铜冶炼/(m³/t-铜)	10		排水量计量位置与污染物排放监控位置一致

根据环境保护工作的要求，在国土开发密度已经很高、环境承载能力开始减弱，或环境容量较小、生态环境脆弱，容易发生严重环境污染等问题而需要采取特别保护措施的地区，应严格控制企业的污染物排放行为，在上述地区的企业执行表 6-3 规定的水污染物排放限值。

表 6-3　水污染物排放限值及单位产品基准排水量　　　(单位：mg/L，pH 除外)

序号	污染物项目	限值		污染物排放监控位置
		直接排放	间接排放	
1	pH	6～9	6～9	企业废水总排放口
2	悬浮物	10	30	
3	化学需氧量(COD_{Cr})	50	60	
4	氟化物(以 F 计)	2	5	

续表

序号	污染物项目	限值		污染物排放监控位置
		直接排放	间接排放	
5	总氮	10	15	企业废水总排放口
6	总磷	0.5	1.0	
7	氨氮	5	8	
8	总锌	1.0	1.5	
9	石油类	1.0	3.0	
10	总铜	0.2	0.5	
11	硫化物	0.5	1.0	
12	总铅	0.2		生产车间或设施废水排放口
13	总镉	0.02		
14	总镍	0.5		
15	总砷	0.1		
16	总汞	0.01		
17	总钴	1.0		
单位产品基准排水量	铜冶炼/(m^3/t-铜)	8		排水量计量位置与污染物排放监控位置一致

B. 废气执行标准

自 2012 年 1 月 1 日起,现有企业执行《铜、镍、钴工业污染物排放标准》(GB 25467—2010)中新建企业大气污染物排放浓度限值(表 6-4)。

表 6-4　新建企业大气污染物排放浓度限值及单位产品基准排气量　　(单位:mg/m^3)

序号	生产类别	工艺或工序	污染物名称及排放限值							污染物排放监控位置
			二氧化硫	颗粒物	砷及其化合物	硫酸雾	铅及其化合物	氟化物	汞及其化合物	
1	铜冶炼	全部	400	80	0.4	40	0.7	3.0	0.012	污染物净化设施排放口
2	烟气制酸		400	50	0.4	40	0.7	3.0	0.012	
单位产品基准排气量	铜冶炼/(m^3/t-铜)		21000							

根据环境保护工作的要求,在国土开发密度已经很高、环境承载能力开始减弱,或环境容量较小、生态环境脆弱,容易发生严重环境污染等问题而需要采取特别保护措施的地区,应严格控制企业的污染物排放行为,在上述地区的企业执行表 6-5 规定的大气污染物特别排放限值现有和新建企业边界大气污染物浓度限值见表 6-6。

表 6-5　大气污染物特别排放限值　　　　　　　　　　（单位：mg/m³）

序号	污染物项目	生产类别及工艺和工序	限值	污染物排放监控位置
1	颗粒物	全部	10	车间或生产设施排气筒
2	二氧化硫	全部	100	
3	氮氧化物（以 NO_2 计）	全部	100	
4	硫酸雾	全部（破碎、筛分除外）	20	
5	氯化氢	采选，镍、钴冶炼	80	
6	氯气	采选，镍、钴冶炼	60	
7	氟化物	铜、镍、钴冶炼和制酸	3.0	
8	砷及其化合物	铜、镍、钴冶炼和制酸	0.4	
9	镍及其化合物	镍、钴冶炼	4.3	
10	铅及其化合物	铜、镍、钴冶炼和制酸	0.7	
11	汞及其化合物	铜、镍、钴冶炼和制酸	0.012	

表 6-6　现有和新建企业边界大气污染物浓度限值　　　　　　（单位：mg/m³）

序号	污染物	限值
1	二氧化硫	0.5
2	颗粒物	1.0
3	硫酸雾	0.3
4	氯气	0.02
5	氯化氢	0.15
6	砷及其化合物	0.01
7	铅及其化合物	0.006
8	氟化物	0.02
9	汞及其化合物	0.0012

（2）许可排放量

A. 废气

根据排放标准浓度限值、单位产品基准排气量和产能确定大气污染物许可排放量。

a. 年许可排放量

年许可排放量等于主要排放口年许可排放量，计算如下：

$$E_{i许可} = E_{i主要排放口} \tag{6-1}$$

式中，$E_{i许可}$ 为排污单位第 i 项大气污染物年许可排放量，t/a；$E_{i主要排放口}$ 为排污单位第 i 项大气污染物主要排放口年许可排放量，t/a。

b. 主要排放口年许可排放量

主要排放口年许可排放量用下式计算：

$$E_{i\text{主要排放口}} = \sum_{j=1}^{n} C_i Q_j \times R \times 10^{-9} \qquad (6\text{-}2)$$

式中，$E_{i\text{主要排放口}}$ 为主要排放口第 i 种大气污染物年许可排放量，t/a；C_i 为第 i 种大气污染物许可排放浓度限值，mg/m^3；R 为主要产品产能，t/a；Q_j 为第 j 个主要排放口单位产品基准排气量，m^3/t 产品，参照表 6-7 取值。

表 6-7 铜冶炼排污单位基准排气量 （单位：m^3/t 产品）

序号	产排污节点	排放口	基准烟气量
1	熔炼炉、吹炼炉	制酸尾气烟囱	8000
2	阳极炉(精炼炉)	制酸尾气烟囱/精炼烟囱	1000
3	炉窑等	环境集烟烟囱	7500

c. 特殊时段许可排放量

特殊时段排污单位日许可排放量按式(6-3)计算。地方制定的相关法规中对特殊时段许可排放量有明确规定的从其规定。国家和地方环境保护主管部门依法规定的其他特殊时段短期许可排放量应当在排污许可证当中载明。

$$E_{\text{日许可}} = E_{\text{前一年环统日均排放量}}(1-\alpha) \qquad (6\text{-}3)$$

式中，$E_{\text{日许可}}$ 为铜冶炼排污单位重污染天气应对期间或冬防阶段日许可排放量，t；$E_{\text{前一年环统日均排放量}}$ 为铜冶炼排污单位前一年环境统计实际排放量折算的日均值，t；α 为重污染天气应对期间或冬防阶段日产量或排放量减少比例。

B. 废水

水污染物年许可排放量根据水污染物许可排放浓度限值、单位产品基准排水量和产能核定。

a. 主要排放口年许可排放量

主要排放口年许可排放量用下式计算：

$$D_i = C_i Q_i R \times 10^{-6} \qquad (6\text{-}4)$$

式中，D_i 为主要排放口第 i 种水污染物年许可排放量，t/a；C_i 为第 i 种水污染物许可排放浓度限值，mg/L；R 为主要产品产能，t/a；Q_i 为主要排放口单位产品基准排水量，m^3/t 产品，取值参见表 6-7。

b. 年许可排放量

铜冶炼排污单位总铅、总砷、总镉、总汞年许可排放量为车间或生产设施排放口许可排放量，化学需氧量和氨氮年许可量为废水总排口许可排放量，按照式(6-4)进行核算，其中 C_i 和 Q_i 取值参照 GB 25467 中污染因子浓度，基准排水量取值参见表 6-8。

表 6-8　铜冶炼排污单位基准排水量　　　　　（单位：m³/t 产品）

序号	排放口	基准排水量
1	车间或生产设施废水排放口	2
2	总废水排放口	10

铜冶炼排污单位无组织排放节点和控制措施见表 6-9。

表 6-9　铜冶炼排污单位生产无组织排放控制要求

序号	工序	指标控制措施
1	运输	(1) 冶炼厂及矿区内粉状物料运输应采取密闭措施 (2) 冶炼厂及矿区内大宗物料转移、输送应采取皮带通廊、封闭式皮带输送机或流态化输送等输送方式。皮带通廊应封闭，带式输送机的受料点、卸料点采取喷雾抑尘措施；或设置密闭罩，并配备除尘设施 (3) 冶炼厂及选矿厂内运输道路应硬化，并采取洒水、喷雾、移动吸尘等措施 (4) 运输车辆驶离矿区前及冶炼厂前应冲洗车轮，或采取其他控制措施
2	冶炼	(1) 原煤应储存于封闭式煤场，场内设喷水装置，在煤堆装卸时洒水降尘；不能封闭的应采用防风抑尘网，防风抑尘网高度不低于堆存物料高度的 1.1 倍。锑精矿等原料，石英石、石灰石等辅料应采用库房储存。备料工序产尘点应设置集气罩，并配备除尘设施 (2) 冶炼炉（窑）的加料口、出料口应设置集气罩并保证足够的集气效率，配套设置密闭抽风收尘设施 (3) 溜槽应设置盖板

3. 污染防治可行技术要求

废水、废气治理可行技术详见《铜冶炼污染防治可行技术指南（试行）》。

4. 自行监测管理要求

排污单位应明确开展自行监测的外排口监测点位、无组织排放监测点位等，自行监测点位、监测因子及监测频次执行表 6-10。单独排入城镇集中污水处理设施的生活污水无需监测，对于单独排入海域、江河、湖、库等水环境的生活污水应按照 HJ/T 91 要求执行。

表 6-10　铜冶炼排污单位自行监测点位、监测因子及最低监测频次

产排污节点	监测位置	排放口类型	监测因子	监测频次
废气有组织排放				
原料制备	原料制备系统烟囱/排气筒	一般排放口	颗粒物	季度
熔炼炉、吹炼炉	制酸尾气烟囱	主要排放口	颗粒物、二氧化硫、氮氧化物	自动监测
			铅及其化合物、砷及其化合物、汞及其化合物	月
			硫酸雾、氟化物	季度
阳极炉（精炼炉）	制酸尾气烟囱/精炼烟囱	主要排放口	颗粒物、二氧化硫、氮氧化物	自动监测
			硫酸雾、氟化物	季度
			铅及其化合物、砷及其化合物、汞及其化合物	月
炉窑等	环境集烟烟囱	主要排放口	颗粒物、二氧化硫、氮氧化物	自动监测
			硫酸雾、氟化物	季度

续表

产排污节点	监测位置	排放口类型	监测因子	监测频次
锅炉	烟气排放口	一般排放口	铅及其化合物、砷及其化合物、汞及其化合物	月
			颗粒物、二氧化硫、氮氧化物	自动监测
			汞及其化合物、烟气黑度(林格曼黑度，级)	季度
电解槽，电解液循环槽等		一般排放口	硫酸雾	季度
电积槽及其他槽		一般排放口	硫酸雾	季度
真空蒸发器、脱铜电积槽		一般排放口	硫酸雾	季度
废气无组织排放				
厂界	企业边界		二氧化硫、颗粒物、硫酸雾、氯气、氯化氢、氟化物、铅及其化合物、砷及其化合物、汞及其化合物	季度
废水排放				
生产废水	废水总排放口	主要排放口	流量、pH、化学需氧量、氨氮、总磷、总氮	自动监测
			总锌、总铜	月
			悬浮物、氟化物(以 F 计)、石油类、硫化物	季度
			总铅、总砷、总镉、总汞	日
			总镍、总钴	月
	车间或生产设施废水排放口	主要排放口	总铅、总砷、总镉、总汞、	日
			总镍、总钴	月

注：单独排入地表水、海水的生活污水排放口污染物(pH、COD、BOD₅、悬浮物、氨氮、动植物油、总氮、总磷)每月至少开展一次监测。

总磷和总氮安装在线只适用于《"十三五"生态环境保护规划》等文件规定的总磷、总氮总量控制区域的排污单位。

氮氧化物自动监测只适用于执行特别排放限值区域的排污单位。

《排污单位自行监测指南有色金属冶炼及压延加工业》发布后，从其规定。

本标准规定的监测频次为排污单位自行监测的最低频次要求。排污单位原料发生重大变化的，应加密监测频次。

5. 环境管理台账记录与排污许可证执行报告编制要求

(1)环境管理台账记录要求

排污单位应建立环境管理台账制度，设置专职人员进行台账的记录、整理、维护和管理，并对台账记录结果的真实性、准确性、完整性负责。

台账应当按照电子化储存和纸质储存两种形式同步管理。台账保存期限不得少于三年。

排污单位排污许可证台账应真实记录基本信息、生产设施及其运行情况、污染防治设施及其运行情况、监测记录信息、其他环境管理信息等。待《排污许可环境管理台账及执行报告技术规范》发布后从其规定。

(2)报告分类及频次

A. 报告分类

排污许可证执行报告按报告周期分为年度执行报告、季度执行报告和月度执行报告。

持有排污许可证的铜冶炼排污单位，均应按照本标准规定提交年度执行报告与季度执行报告。为满足其他环境管理要求，地方环境保护主管部门有更高要求的，排污单位还应根据其规定，提交月度执行报告。排污单位应在全国排污许可证管理信息平台上填报并提交执行报告，同时向有排污许可证核发权限的环境保护主管部门提交通过平台印制的书面执行报告。

B. 报告频次

a. 年度执行报告上报频次

铜冶炼排污单位应至少每年上报一次排污许可证年度执行报告，于下一年一月底前提交至排污许可证核发机关。对于持证时间不足三个月的，当年可不上报年度执行报告，排污许可证执行情况纳入下一年年度执行报告。

b. 月度/季度执行报告上报频次

排污单位每月度/季度上报一次排污许可证月度/季度执行报告，于下一周期首月十五日前提交至排污许可证核发机关，提交季度执行报告、半年执行报告或年度执行报告时，可免报当月月度执行报告。对于持证时间不足十天的，该报告周期内可不上报月度执行报告，排污许可证执行情况纳入下一月度执行报告。对于持证时间不足一个月的，该报告周期内可不上报季度执行报告，排污许可证执行情况纳入下一季度执行报告。

排污单位每月或每季度应至少向环境保护主管部门上报年度执行报告中的"实际排放量报表"、合规判定分析说明及污染防治设施异常情况说明及所采取的措施。

6. 实际排放量核算方法

铜冶炼排污单位主要排放口废气污染物和废水污染物实际排放量的核算方法采用实测法。排污许可证要求采用自动监测的排放口或污染因子而未采用自动监测的，采用物料衡算法或产排污系数法核算实际排放量。

物料衡算法只用于核算二氧化硫，根据原辅燃料消耗量、含硫率、硫回收率，按直排进行核算。

其他总量许可污染因子采用产排污系数法核算排放量时，可参考《污染源普查工业污染源产排污系数手册(中)》33 有色金属冶炼及压延加工业，根据单位产品污染物的产生量，按直排进行核算。

6.3.3　产污强度及清洁生产实施情况管理要点

1. 核实企业各期建设工程与现行产业政策的符合性

(1)《铜冶炼行业规范条件》中有关内容

1)企业布局。新建或者改造的铜冶炼项目必须符合国家产业政策、土地利用总体规划、主体功能区规划和行业发展规划等规划要求。在城镇及其近郊，居民集中区等环境敏感区域，以及大气污染防治联防联控重点地区建设铜冶炼项目，应根据环境影响评价结论，合理确定厂址及其与周围人群和敏感区域的距离。

2) 生产规模。新建和改造利用铜精矿和含铜二次资源的铜冶炼企业，冶炼能力须在 10 万 t/a 及以上。铜冶炼项目的最低资本金比例必须达到 20%。

3) 工艺技术和装备。准入条件规定"新建和改造利用铜精矿的铜冶炼项目，须采用生产效率高、工艺先进、能耗低、环保达标、资源综合利用好的先进工艺，如闪速熔炼、富氧底吹、富氧侧吹、富氧顶吹、白银炉熔炼、合成炉熔炼、旋浮铜冶炼等富氧熔炼工艺，以及其他先进铜冶炼工艺技术。必须配置烟气制酸、资源综合利用、节能等设施。烟气制酸须采用稀酸洗涤净化、双转双吸(或三转三吸)工艺，烟气净化严禁采用水洗或热浓酸洗涤工艺,硫酸尾气需设治理设施。设计选用的冶炼尾气余热回收、收尘工艺及设备必须满足国家《节约能源法》、《清洁生产促进法》、《环境保护法》、《清洁生产标准 铜冶炼业》(HJ 558—2010)和《清洁生产标准 铜电解业》(HJ 559—2010)等要求。

4) 能源消耗。铜冶炼企业需具备健全的能源管理体系，配备必要的能源(水)计量器具，有条件的企业应建立能源管理中心，所有企业能耗必须符合国家相关标准的规定。新建利用铜精矿的铜冶炼企业粗铜冶炼工艺综合能耗在 180kg 标准煤/t 及以下，电解工序(含电解液净化)综合能耗在 100kg 标准煤/t 及以下。现有铜冶炼企业粗铜冶炼工艺综合能耗在 300kg 标准煤/t 及以下。

5) 资源综合利用。新建铜冶炼企业占地面积应低于 4m^2/t 铜，水循环利用率应达到 97.5%以上，吨铜新水消耗应在 20t 以下，铜冶炼硫的总捕集率须达到 99%以上，硫的回收率需达到 97.5%以上，铜冶炼含重金属废水必须达标排放，排水量必须达到国家相关标准的规定。现有企业水循环利用率应达到 97%以上，吨铜新水消耗应在 20t 以下，铜冶炼硫的总捕集率须达到 98.5%以上，硫的回收率须达到 97%以上。

6) 环境保护。铜冶炼企业必须遵守环境保护相关法律、法规和政策，所有新建、改造铜冶炼项目必须严格执行环境影响评价制度，落实各项环境保护措施，项目未经环境保护部门验收不得正式投产。企业要按规定办理《排污许可证》(尚未实行排污许可证的地区除外)后，方可进行生产和销售等经营活动，持证排污，达标排放。企业应有健全的企业环境管理机构，制定有效的企业环境管理制度。铜冶炼企业要做到污染物处理工艺技术可行，治理设施齐备，运行维护记录齐全，与主体生产设施同步运行，各项铜冶炼污染物排放要符合《铜、镍、钴工业污染物排放标准》(GB 25467—2010)，企业污染物排放总量不超过环保部门核定的总量控制指标。新建及改造项目要同步建设配套在线污染物监测设施并与当地环保部门联网，现有企业应在 2014 年前完成。铜冶炼企业最终废弃渣必须进行无害化处理。

(2)《产业结构调整指导目录》(2011 年本)有关内容

1) 鼓励类。高效、低耗、低污染、新型冶炼技术开发。高效、节能、低污染、规模化再生资源回收与综合利用，包括废杂有色金属回收、有价元素的综合利用、赤泥及其它冶炼废渣综合利用。

2) 限制类。单系列 10 万 t/a 规模以下粗铜冶炼项目。

3) 淘汰类。鼓风炉、电炉、反射炉炼铜工艺及技术。

2. 根据企业基础数据核算产污强度，参照铜冶炼业及铜电解业清洁生产标准要求详见表 6-11 和表 6-12，对其单位产品(原料)污染物产生量进行分析[155,156]

表6-11　铜冶炼业清洁生产技术指标要求

清洁生产指标等级		一级	二级	三级
一、生产工艺与装备要求				
1.主体冶炼工艺		采用富氧闪速熔炼或富氧熔池熔炼工艺		采用不违背《铜冶炼行业准入条件》的冶炼工艺
熔炼工序	最终弃渣含铜/%	≤0.6	≤0.7	≤0.8
	烟气二氧化硫（SO$_2$）含量/%	≥20	≥10	≥6
收炼工序	粗铜含硫/%	≤0.1	≤0.2	≤0.4
	炉龄/d	≥240	≥150	≥80
精炼工序 反射炉	精炼周期/h	≤10	≤15	≤20
	大修炉龄/a	≥10	≥8	≥4
	渣率 燃油/%	≤1.0	≤2.5	≤4.5
	渣率 燃煤/%	≤2.5	≤4	≤8
精炼工序 回转炉	精炼周期/h	≤6	≤8	≤12
	渣率 燃油/%	≤3	≤4.5	≤6
2.制酸工艺		二转二吸（或三转三吸），转化率≥99.8%	二转二吸（或三转三吸），转化率≥99.6%	二转二吸（或其他符合国家产业政策的工艺，转化率≥99.5%
3.生产规模（单系统）/万t		≥12	≥12	≥10
4.废气的收集与处理		炉体密闭化，具有防止废气逸出措施。在易产生废气无组织排放的位置设有废气收集装置，并配套净化装置		
5.备料		采用封闭式或防扬散储存、输送装置；全封闭式输送机输送；采用带式输送机输送，全封闭式输送廊道或采用其他		
二、资源能源利用指标				
1.单位产品工艺能耗	粗铜（折标准煤）/(kg/t)	≤330	≤410	≤500
	阳极铜（折标准煤）/(kg/t)	≤380	≤460	≤550
2.单位产品综合能耗	粗铜（折标准煤）/(kg/t)	≤340	≤430	≤530
	阳极铜（折标准煤）/(kg/t)	≤390	≤480	≤580
3.铜回收率	铜冶炼总回收率/%	≥97.5	≥97.5	≥97
	粗铜冶炼回收率/%	≥98.5	≥98.5	≥98

续表

清洁生产指标等级		一级	二级	三级
二、资源能源利用指标				
4.硫的回收　硫的总捕集率/%		≥98.5		≥98
硫的回收率/%		≥97	≥96.5	≥96
5.耐火材料单耗/(kg/t 粗铜)		≤10	≤15	≤50
6.单位产品新水耗量/(t/t)		≤20	≤23	≤25
三、产品指标				
1.粗铜中杂质含量		达到 YS/T 70—2001 一级品要求	达到 YS/T 70—2001 二级品要求	
2.硫酸中的砷、铋含量		达到 GB/T 534 优等品要求	达到 GB/T 534 一等品要求	达到 GB/T 534 二等品要求
四、污染物产生指标（末端处理前）				
单位产品废水产生量/(m^3/t)	闪速熔炼	≤15	≤18	≤20
	熔池熔炼	≤3500	≤4000	≤5500
单位产品化学需氧量的产生量/(g/t)	闪速熔炼	≤700	≤900	≤1100
	熔池熔炼	≤15000	≤20000	≤22 000
单位产品废气产生量/(m^3/t)(制酸后)	闪速熔炼	≤12	≤16	≤20
	熔池熔炼	≤200	≤280	≤320
单位产品二氧化硫(SO_2)产生量/(kg/t)	闪速熔炼	≤50	≤60	≤80
	熔池熔炼	≤15	≤18	≤22
单位产品烟尘产生量/(kg/t)	闪速熔炼	≤7	≤9	≤10
	熔池熔炼		≤80	
单位产品工业粉尘产生量/(kg/t)	闪速熔炼		≤190	
	熔池熔炼			
单位产品铅产生量/(g/t)			≤1100	
单位产品砷产生量/(g/t)				
五、废物回收利用指标				
1.工业用水重复利用率/%		≥97	≥96	≥95
2.固体废物综合回收利用率/%		≥95	≥90	≥85
3.熔炼弃渣		全部综合利用。可作为建筑材料或采矿、巷道回填等用		
4.炉渣		未达到弃渣要求的炉渣，返回熔炼炉、各冶炼炉、选送选矿厂、选铜精矿		

续表

	一级	二级	三级
清洁生产指标等级			
5.废弃耐火材料	进行专门处理，回收铜、镁等		回收治理
6.烟尘	处理后回用		
7.作业面废水	处理后回用	进入废水处理系统	进入废水处理系统
8.作业区初期雨水			
清洁生产指标等级	一级、二级	二级	二级

六、环境管理要求

	一级	二级	三级
1.环境法律法规标准	符合国家和地方有关环境法律、法规，污染物排放达到国家排放标准、总量控制和排污许可证管理要求		
2.组织机构	设专门环境管理机构和专职管理人员	健全、完善并纳入日常管理	
3.环境审核	按照"清洁生产审核暂行办法"的要求进行了清洁生产审核，审核方案全部实施并经省级环境保护主管部门进行验收；按照GB/T 24001建立并有效运行环境管理体系，环境管理手册、程序文件及作业文件齐备	按照"清洁生产审核暂行办法"的要求进行了清洁生产审核，审核方案全部实施并经省部门进行验收；对运行过程中有严格的控制，有完善的操作规程，建立相关方管理制度和清洁生产审核管理制度	按照"清洁生产审核暂行办法"的要求进行了清洁生产审核，审核方案全部实施并经省级环境保护主管部门进行验收；对生产因素进行有效控制，环境因素立相关方管理程序、清洁生产审核制度和环境管理制度
4.生产过程环境管理　原料用量及质量	规定严格的检验、计量控制措施		
生产设备的使用、维护、检修管理制度	有完善的管理制度，并定期严格执行		
生产工艺用水、电、气管理	所有环节安装计量仪表进行计量	对主要环节安装计量仪表进行计量，并制定定量考核方案	
环保设施管理	记录运行数据并建立环保档案		
污染源监测系统	按照《污染源自动监控管理办法》的规定，安装污染物排放自动监控设备，并保证设备正常运行，自动检测数据应与地方环境保护主管部门或环保部门监测数据网络连接，实时上报		
5.固体废物处理处置	一般固体废物按照GB 18599的相关规定进行妥善处理，对危险废物（主要指酸泥、阳极泥及废水处理沉淀渣）严格按照GB 18597的相关规定进行危险废物管理，交出持有危险废物经营许可证的单位进行处理；还应制定并向所在地县级以上地方人民政府及危险废物管理计划（包括减少危险废物产生量和危害性的措施以及危险废物产生种类、产生量、流向、储存、处置等有关资料），向所在地县级以上地方人民政府环境保护行政主管部门申报危险废物产生量、利用、处置措施。处置有关资料。处置对危险废物的产生、收集、贮存、运输、利用、处置，制定意外事故防范措施和应急预案，并向所在地县级以上地方人民政府环境保护行政主管部门备案		
6.相关方环境管理	对原材料供应、生产协作方、相关服务方提出环境管理要求		

表 6-12　铜电解业清洁生产指标要求

清洁生产指标等级			一级	二级	三级
一、生产工艺与装备					
1.各料工艺与装备	电解槽	无衬聚合物混凝土电解槽		混凝土结构，内衬软聚氯乙烯塑料、玻璃钢或 HDPE 膜防腐	
	阴极技术	永久不锈钢			Cu 始极片
	硫酸等辅料的储存、输送与投放	硫酸等辅料的输送和储存符合 GB/T 534—2002 规定，加入量有仪表控制，有事故应急预案		适用能满足企业正常生产的浆泵；高压隔膜压滤机	工作现场设备有应急水源；
	压滤设备				
	防腐防渗措施	生产车间地面采取防渗，防漏和防腐措施；车间内墙面和天花板采取防腐措施；电解液储槽及污水系统具备防腐防渗措施			
2.剥离工艺与装备	剥离方式	机械化自动剥离			手工剥离
	包装、储运				
二、资源能源利用指标					
1.电流效率/%			≥98	≥95	≥93
2.单位产品综合能耗（折标准煤）/(kg/t)			≤130	≤170	≤220
3.单位产品直流电耗/[(kW·h)/t]			≤240	≤260	≤280
4.单位产品蒸汽消耗/(t/t)			≤0.40	≤0.65	≤0.75
5.铜的回收率/%			≥99.8	≥99.5	≥99.0
6.残极率/%	大阴极板（350kg）		≤16	≤18	
	小阴极板（250kg）		≤18	≤20	
7.吨铜耗水量/(m³/t)			≤3.5	≤4.0	≤5.0
三、产品指标					
1.高纯阴极铜			按照 GB/T 467—1997 执行		
2.标准阴极铜					
四、污染物产生指标（末端处理前）					
1.废气	单位产品硫酸雾产生量/(kg/t)		≤0.5	≤0.6	≤0.7
2.废水	单位产品废水产生量/(m³/t)		≤1.2	≤1.5	≤2.0
	单位产品化学需氧量（COD）产生量/(g/t)		≤60	≤70	≤90
	单位产品铜（Cu²⁺）产生量/(g/t)		≤0.23	≤0.25	≤0.28

续表

清洁生产指标等级		一级	二级	三级
2.废水	单位产品铅（Pb²⁺）产生量（g/t）	≤3.2	≤3.5	≤4.0
	单位产品镍（Ni²⁺）产生量（g/t）	≤0.080	≤0.085	≤0.100
	单位产品总砷产生量（mg/t）	≤16	≤18	≤20

五、废物回收利用指标

1.阳极泥及黑铜粉利用率/%	100
2.电解槽冲洗及阳极清库清洗水	沉淀后回用至电解液循环系统，循环使用

六、环境管理要求

1.环境法律法规标准	符合国家和地方有关环境法律、法规，污染物排放达到国家排放标准，总量控制和排污许可证管理要求
2.组织机构	设专门环境管理机构和专职管理人员
3.环境审核	按照"清洁生产审核暂行办法"的要求进行了清洁生产审核，审核方案全部实施并经省级环境保护行政主管部门进行验收；对运营过程中环境因素进行控制，有严格的操作规程，清洁生产审核制度和环境管理制度；按照 GB/T 24001 建立并有效运行环境管理体系，环境管理手册、程序文件及作业文件齐备
4.废物处理处置	采用符合国家规定的废物处理处置方法处置废物；一般固体废物按照 GB 18599 的相关规定执行；对含砷污泥等危险废物，要严格按照 GB 18597 的相关规定进行危险废物管理（包括减少危险废物的措施，利用、处置危险废物）。制定并向所在地县级以上地方人民政府环境行政主管部门备案；对有危险废物经营许可证的单位要向所在地县级以上地方人民政府环境保护行政主管部门备案。针对危险废物的产生、种类、流向、贮存、处置、处理、利用、收集、运输、处置，利用，并向所在地县级以上地方人民政府环境保护行政主管部门备案，并制定意外事故防范措施和应急预案
5.生产过程环境管理	原料用量及质量：规定严格的检验，计量措施 生产设备的使用、维护、检修管理制度：有完善的管理制度，并严格执行 生产工艺用水、电、气、管理：安装计量仪表进行计量，并制定严格定量考核制度 环保设施管理：按照《污染源自动监控管理办法》的规定，安装污染物排放自动监控设备，并保证设备正常运行。对主要环节安装计量仪表进行计量，并制定定量考核制度 污染源监测系统：自动检测数据应与地方环境保护行政主管部门检测数据网络连接，实时上报

6.相关方环境管理

注：1.单位产品综合能耗根据 GB/T 2589 的规定应达到《铜冶炼行业准入条件》和 GB 21248 的能耗限额准入值。
2.污染物产生指标是指产品阴极铜产品铜污染物产生。

3. 核实企业是否按照要求定期开展清洁生产审核并通过有审批权限的政府部门评估或验收

按照清洁生产审核办法(2016 年 7 月 1 日起正式实施),实施强制性清洁生产审核的企业,两次清洁生产审核的间隔时间不得超过 5 年。

6.3.4　危险化学品污染防治及违禁物质情况管理要点

对处于危险化学品企业相对集中的地区、重点江河湖海沿岸和调水工程沿线区域、人口集中居住区域、重点生态功能区、饮用水水源保护区以及其他环境敏感区域的有色冶金业企业,核查危险化学品生产、储存场所场地硬化、是否建设防渗设施、通风和大气污染物处理设施、含危险化学品污水收集和处理设施,以及企业的环境安全三级防控体系建设情况。

根据企业生产经营过程中使用的原辅料、产品及副产品,核实是否含有国家法律、法规、规章和我国签署的国际公约等规定的禁用物质。

违反《危险化学品安全管理条例》将受到以下处罚:

1)生产、经营、使用国家禁止生产、经营、使用的危险化学品的,由安全生产监督管理部门责令停止生产、经营、使用活动,处 20 万元以上 50 万元以下的罚款,有违法所得的,没收违法所得;构成犯罪的,依法追究刑事责任。

2)未经安全条件审查,新建、改建、扩建生产、储存危险化学品的建设项目的,由安全生产监督管理部门责令停止建设,限期改正;逾期不改正的,处 50 万元以上 100万元以下的罚款;构成犯罪的,依法追究刑事责任。

3)发生危险化学品事故,有关地方人民政府及其有关部门不立即组织实施救援,或者不采取必要的应急处置措施减少事故损失,防止事故蔓延、扩大的,对直接负责的主管人员和其他直接责任人员依法给予处分;构成犯罪的,依法追究刑事责任。

4)负有危险化学品安全监督管理职责的部门的工作人员,在危险化学品安全监督管理工作中滥用职权、玩忽职守、徇私舞弊,构成犯罪的,依法追究刑事责任;尚不构成犯罪的,依法给予处分。

6.3.5　危险废物及一般工业固体废物处理处置情况管理要点

1)核实危险废物和一般工业固体废物的类型、产生量、综合利用量、储存和处置量、储存和处置方法等。

2)配备危险废物和一般工业固体废物储存、填埋场的,核实以下内容:①储存场、填埋场的处置能力与固体废物产生量的符合性;②入场条件、堆存方式、配套环保设施和二次污染物排放是否满足相关标准要求。

3)配备危险废物和一般工业固体废物焚烧处理装置的,核实焚烧装置、二次污染处理设施和污染物排放是否满足相关标准要求。

4)委托进行综合利用和处理处置的,核查委托合同或协议,以及受托方资质、能力。委托处置危险废物的,核实历次危险废物转移联单。

　　5) 一般工业固体废物储存具体要求如下[157]：

　　A. 场址选择的环境保护要求

　　a. Ⅰ类场和Ⅱ类场的共同要求

　　Ⅰ. 所选场址应符合当地城乡建设总体规划要求。

　　Ⅱ. 应依据环境影响评价结论确定场址的位置及其与周围人群的距离，并经具有审批权的环境保护行政主管部门批准，并可作为规划控制的依据。在对一般工业固体废物储存、处置场场址进行环境影响评价时，应重点考虑一般工业固体废物储存、处置场产生的渗滤液以及粉尘等大气污染物等因素，根据其所在地区的环境功能区类别，综合评价其对周围环境、居住人群的身体健康、日常生活和生产活动的影响，确定其与常住居民居住场所、农用地、地表水体、高速公路、交通主干道(国道或省道)、铁路、飞机场、军事基地等敏感对象之间合理的位置关系。

　　Ⅲ. 应选在满足承载力要求的地基上，以避免地基下沉的影响，特别是不均匀或局部下沉的影响。

　　Ⅳ. 应避开断层、断层破碎带、溶洞区，以及天然滑坡或泥石流影响区。

　　Ⅴ. 禁止选在江河、湖泊、水库最高水位线以下的滩地和洪泛区。

　　Ⅵ. 禁止选在自然保护区、风景名胜区和其他需要特别保护的区域。

　　b. Ⅰ类场的其他要求

　　应优先选用废弃的采矿坑、塌陷区。

　　c. Ⅱ类场的其他要求

　　Ⅰ. 应避开地下水主要补给区和饮用水源含水层。

　　Ⅱ. 应选在防渗性能好的地基上。天然基础层地表距地下水位的距离不得小于 1.5 m。

　　B. 储存、处置场设计的环境保护要求

　　a. Ⅰ类场和Ⅱ类场的共同要求

　　Ⅰ. 储存、处置场的建设类型，必须与将要堆放的一般工业固体废物的类别相一致。

　　Ⅱ. 建设项目环境影响评价中应设置储存、处置场专题评价；扩建、改建和超期服役的储存、处置场，应重新履行环境影响评价手续。

　　Ⅲ. 储存、处置场应采取防止粉尘污染的措施。

　　Ⅳ. 为防止雨水径流进入储存、处置场内，避免渗滤液量增加和滑坡，储存、处置场周边应设置导流渠。

　　Ⅴ. 应设计渗滤液集排水设施。

　　Ⅵ. 为防止一般工业固体废物和渗滤液的流失，应构筑堤、坝、挡土墙等设施。

　　Ⅶ. 为保障设施、设备正常运营，必要时应采取措施防止地基下沉，尤其是防止不均匀或局部下沉。

　　Ⅷ. 为加强监督管理，储存、处置场应按 GB 15562.2 设置环境保护图形标志。

　　b. Ⅰ类场的其他要求

　　Ⅰ. 当天然基础层的渗透系数大于 1.0×10^{-7} cm/s 时，应采用天然或人工材料构筑防渗层，防渗层的厚度应相当于渗透系数 1.0×10^{-7} cm/s 和厚度 1.5m 的黏土层的防渗性能。

　　Ⅱ. 必要时应设计渗滤液处理设施，对渗滤液进行处理。

Ⅲ. 为监控渗滤液对地下水的污染，储存、处置场周边至少应设置三口地下水质监控井。第一口沿地下水流向设在储存、处置场上游，作为对照井；第二口沿地下水流向设在储存、处置场下游，作为污染监视监测井；第三口设在最可能出现扩散影响的储存、处置场周边，作为污染扩散监测井。当地质和水文地质资料表明含水层埋藏较深，经论证认定地下水不会被污染时，可以不设置地下水质监控井。

C. 储存、处置场的运行管理环境保护要求

a. Ⅰ类场和Ⅱ类场的共同要求。

Ⅰ. 储存、处置场的竣工，必须经原审批环境影响报告书(表)的环境保护行政主管部门验收合格后，方可投入生产或使用。

Ⅱ. 一般工业固体废物储存、处置场，禁止危险废物和生活垃圾混入。

Ⅲ. 储存、处置场的渗滤液水质达到 GB 8978 标准后方可排放，大气污染物排放应满足 GB 16297 无组织排放要求。

Ⅳ. 储存、处置场使用单位，应建立检查维护制度。定期检查维护堤、坝、挡土墙、导流渠等设施，发现有损坏可能或异常，应及时采取必要措施，以保障正常运行。

Ⅴ. 储存、处置场的使用单位，应建立档案制度。应将入场的一般工业固体废物的种类和数量以及下列资料，详细记录在案，长期保存，供随时查阅。各种设施和设备的检查维护资料；地基下沉、坍塌、滑坡等的观测和处置资料；渗滤液及其处理后的水污染物排放和大气污染物排放等的监测资料。

Ⅵ. 储存、处置场的环境保护图形标志，应按 GB 15562.2 规定进行检查和维护。

b. Ⅰ类场的其他要求

禁止Ⅱ类一般工业固体废物混入。

c. Ⅱ类场的其他要求

Ⅰ. 应定期检查维护防渗工程，定期监测地下水水质，发现防渗功能下降，应及时采取必要措施。地下水水质按 GB/T 14848 规定评定。

Ⅱ. 应定期检查维护渗滤液集排水设施和渗滤液处理设施，定期监测渗滤液及其处理后的排放水水质，发现集排水设施不通畅或处理后的水质超过 GB 8978 或地方的污染物排放标准，需及时采取必要措施。

6) 危险废物储存具体要求如下[158]：

A. 危险废物储存设施的选址与设计原则

a. 危险废物集中储存设施的选址

Ⅰ. 地质结构稳定，地震烈度不超过 7° 的区域内。

Ⅱ. 设施底部必须高于地下水最高水位。

Ⅲ. 应依据环境影响评价结论确定危险废物集中储存设施的位置及其与周围人群的距离，并经具有审批权的环境保护行政主管部门批准，并可作为规划控制的依据。在对危险废物集中储存设施场址进行环境影响评价时，应重点考虑危险废物集中储存设施可能产生的有害物质泄漏、大气污染物(含恶臭物质)的产生与扩散以及可能的事故风险等因素，根据其所在地区的环境功能区类别，综合评价其对周围环境、居住人群的身体健康、日常生活和生产活动的影响，确定危险废物集中储存设施与常住居民居住场所、农

用地、地表水体以及其他敏感对象之间合理的位置关系。

Ⅳ. 应避免建在溶洞区或易遭受严重自然灾害如洪水、滑坡、泥石流、潮汐等影响的地区。

Ⅴ. 应建在易燃、易爆等危险品仓库、高压输电线路防护区域以外。

Ⅵ. 应位于居民中心区常年最大风频的下风向。

Ⅶ. 集中储存的废物堆选址除满足以上要求外，还应满足《危险废物储存污染控制标准》6.3.1 款要求。

b. 危险废物储存设施(仓库式)的设计原则

Ⅰ. 地面与裙脚要用坚固、防渗的材料建造，建筑材料必须与危险废物相容。

Ⅱ. 必须有泄漏液体收集装置、气体导出口及气体净化装置。

Ⅲ. 设施内要有安全照明设施和观察窗口。

Ⅳ. 用以存放装载液体、半固体危险废物容器的地方，必须有耐腐蚀的硬化地面，且表面无裂隙。

Ⅴ. 应设计堵截泄漏的裙脚，地面与裙脚所围建的容积不低于堵截最大容器的最大储量或总储量的 1/5。

Ⅵ. 不相容的危险废物必须分开存放，并设有隔离间隔断。

c. 危险废物的堆放

Ⅰ. 基础必须防渗，防渗层为至少 1m 厚黏土层(渗透系数≤10^{-7}cm/s)，或 2mm 厚高密度聚乙烯，或至少 2mm 厚的其他人工材料，渗透系数≤10^{-10}cm/s。

Ⅱ. 堆放危险废物的高度应根据地面承载能力确定。

Ⅲ. 衬里放在一个基础或底座上。

Ⅳ. 衬里要能够覆盖危险废物或其溶出物可能涉及的范围。

Ⅴ. 衬里材料与堆放危险废物相容。

Ⅵ. 在衬里上设计、建造浸出液收集清除系统。

Ⅶ. 应设计建造径流疏导系统，保证能防止 25 年一遇的暴雨不会流到危险废物堆里。

Ⅷ. 危险废物堆内设计雨水收集池，并能收集 25 年一遇的暴雨 24 小时降水量。

Ⅸ. 危险废物堆要防风、防雨、防晒。

Ⅹ. 产生量大的危险废物可以散装方式堆放储存在按上述要求设计的废物堆里。

Ⅺ. 不相容的危险废物不能堆放在一起。

Ⅻ. 总储存量不超过 300kg(L)的危险废物要放入符合标准的容器内，加上标签，容器放入坚固的柜或箱中，柜或箱应设多个直径不少于 30mm 的排气孔。不相容危险废物要分别存放或存放在不渗透间隔分开的区域内，每个部分都应有防漏裙脚或储漏盘，防漏裙脚或储漏盘的材料要与危险废物相容。

B. 危险废物储存设施的运行与管理

Ⅰ. 从事危险废物储存的单位，必须得到有资质单位出具的该危险废物样品物理和化学性质的分析报告，认定可以储存后，方可接收。

Ⅱ. 危险废物储存前应进行检验，确保同预定接收的危险废物一致，并登记注册。

Ⅲ. 不得接收未粘贴符合《危险废物储存污染控制标准》4.9 规定的标签或标签没按

规定填写的危险废物。

Ⅳ. 盛装在容器内的同类危险废物可以堆叠存放。

Ⅴ. 每个堆间应留有搬运通道。

Ⅵ. 不得将不相容的废物混合或合并存放。

Ⅶ. 危险废物产生者和危险废物储存设施经营者均须作好危险废物情况的记录，记录上须注明危险废物的名称、来源、数量、特性和包装容器的类别、入库日期、存放库位、废物出库日期及接收单位名称。危险废物的记录和货单在危险废物回取后应继续保留 3 年。

Ⅷ. 必须定期对所储存的危险废物包装容器及储存设施进行检查，发现破损，应及时采取措施清理更换。

Ⅸ. 泄漏液、清洗液、浸出液必须符合 GB 8978 的要求方可排放，气体导出口排出的气体经处理后，应满足 GB 16297 和 GB 14554 的要求。

6.3.6 环境安全隐患及应急预案情况管理要点

对企业有关环境风险方面的情况进行核查，主要考察企业环境风险防范措施的完备程度，应急预案的合理性、落实情况等。

1) 针对确定的重大危险源对相应的风险防范措施及状态进行调查，包括措施建设是否符合要求、是否完备、是否处于应急状况；

2) 调查企业是否针对重大危险源制定了应急预案并予以落实。

按照以下要求开展突发环境事件应急管理：

(1) 企业事业单位应当按照国务院环境保护主管部门的有关规定开展突发环境事件风险评估，确定环境风险防范和环境安全隐患排查治理措施。

(2) 企业事业单位应当按照环境保护主管部门的有关要求和技术规范，完善突发环境事件风险防控措施。

(3) 企业事业单位应当按照有关规定建立健全环境安全隐患排查治理制度，建立隐患排查治理档案，及时发现并消除环境安全隐患。

(4) 县级以上地方环境保护主管部门应当按照本级人民政府的统一要求，开展本行政区域突发环境事件风险评估工作，分析可能发生的突发环境事件，提高区域环境风险防范能力。

(5) 县级以上地方环境保护主管部门应当对企业事业单位环境风险防范和环境安全隐患排查治理工作进行抽查或者突击检查，将存在重大环境安全隐患且整治不力的企业信息纳入社会诚信档案，并可以通报行业主管部门、投资主管部门、证券监督管理机构以及有关金融机构。

(6) 企业事业单位应当按照国务院环境保护主管部门的规定，在开展突发环境事件风险评估和应急资源调查的基础上制定突发环境事件应急预案，并按照分类分级管理的原则，报县级以上环境保护主管部门备案。

(7) 县级以上地方环境保护主管部门应当根据本级人民政府突发环境事件专项应急预案，制定本部门的应急预案，报本级人民政府和上级环境保护主管部门备案。

(8)突发环境事件应急预案制定单位应当定期开展应急演练，撰写演练评估报告，分析存在问题，并根据演练情况及时修改完善应急预案。

(9)环境污染可能影响公众健康和环境安全时，县级以上地方环境保护主管部门可以建议本级人民政府依法及时公布环境污染公共监测预警信息，启动应急措施。

(10)县级以上地方环境保护主管部门应当建立本行政区域突发环境事件信息收集系统，通过"12369"环保举报热线、新闻媒体等多种途径收集突发环境事件信息，并加强跨区域、跨部门突发环境事件信息交流与合作。

(11)县级以上地方环境保护主管部门应当建立健全环境应急值守制度，确定应急值守负责人和应急联络员并报上级环境保护主管部门。

(12)企业事业单位应当将突发环境事件应急培训纳入单位工作计划，对从业人员定期进行突发环境事件应急知识和技能培训，并建立培训档案，如实记录培训的时间、内容、参加人员等信息。

(13)县级以上环境保护主管部门应当定期对从事突发环境事件应急管理工作的人员进行培训。

(14)县级以上地方环境保护主管部门应当加强环境应急能力标准化建设，配备应急监测仪器设备和装备，提高重点流域区域水、大气突发环境事件预警能力。

(15)县级以上地方环境保护主管部门可以根据本行政区域的实际情况，建立环境应急物资储备信息库，有条件的地区可以设立环境应急物资储备库。企业事业单位应当储备必要的环境应急装备和物资，并建立、完善相关管理制度。

6.3.7　现场环境管理要点

铜冶炼企业现场环境管理要点，见表6-13。

表 6-13　铜冶炼企业环境管理要点

所属工序	序号	管理要点
原料	1	铜精矿中有毒有害元素砷(As)不得大于 0.50%
备料工序	2	抓斗卸料、加料皮带机、转动站等有粉尘产生的作业点设置局部封闭和通风除尘系统
	3	所有原料和半成品按照规范存放在专门的存放地点
	4	原料存放区域地面冲洗水或地下水收集处理回用
	5	拉运精矿的车辆有指定的清洗水池，沉积的精砂定期清理
	6	干燥系统有通风除尘设施①
熔炼工序	7	熔炼炉加料口处于负压状态
	8	熔炼炉锍放口、渣出口、溜槽等局部封闭，设有烟气集气罩
	9	熔炼炉烟气进入制酸系统处理
	10	水淬渣按照规范进行储存
	11	冲渣水经沉淀后循环使用
吹炼工序	12	吹炼炉加料口除加料、倒渣、出铜外关闭
	13	生产过程中，炉口密闭烟罩放到位

续表

所属工序	序号	管理要点
吹炼工序	14	炉口有环境集烟装置，环集烟气处理达标排放
	15	缓冷后的炉渣进行选矿和回用
	16	白烟灰要按照规范进行储存和委托有资质的单位进行处置
火法精炼	17	生产过程中，烟气通过烟道收集、烟囱排放
	18	杂铜、冷料等定点存放，以便及时处理
	19	浇铸机冷却水经沉淀、降温后循环利用
电解精炼	20	电解槽面有废水收集装置
	21	槽下地面应采取防渗、防漏和防腐措施
	22	地面废水有收集装置，收集的废水及时运送到污水站处理
	23	废电解液收集后直接处理或外委处理
制酸工序	24	电收器烟尘密闭输送，按规范存放，无泄漏散落现象
	25	生产过程中杜绝跑、冒、滴、漏现象
	26	有酸水产生的地面要采取防渗、防漏和防腐措施，厂区道路要经过硬化处理
	27	所属区域的雨污分流，清污分流
	28	烟气净化排出的污酸全部进入污酸处理装置处理
	29	制酸尾气(废气)达标排放
	30	检修时，扒出的废弃催化剂、酸泥得到安全处理
	31	脱硫石膏要按照规范进行储存和处置
污酸污水处理和综合废水处理	32	建有与生产能力配套的污酸污水处理设施，处理工艺满足废水稳定达标排放要求
	33	污酸污水处理使用的构筑物进行防渗、防漏、防腐处理
	34	硫化渣、中和渣、铅滤饼按照规范进行储存，委托有资质的单位进行处置
	35	铅滤饼、硫化渣、中和渣库设有警示牌，有渗滤液收集设施
	36	每日的污酸和污水进出量、水质，环保设备运行、加药及维修记录等记录齐全
	37	以耗电量、药剂用量、产生的渣量来判断污染防治设施运行情况
	38	污水站出口水量及水质稳定达标排放
	39	是否存在偷排或采取其他规避监管的方式排放废水现象

①：针对设有干燥系统的冶炼企业。

参 考 文 献

[1] Mohan D, Pittman Jr C U. Arsenic remoual from water/wastewater using adsobents-a critical review. Jounal of Hazoudous Material, 2007, 142(1-2): 1-53.

[2] Centeno J A, Tseng C H, Voet G B V D, et al. 地成砷的全球影响：一个医学地质学研究案例. AMBIO-人类环境杂志, 2007, (1): 74-77.

[3] Min X, Liao Y, Chai L, et al. Remoual and stabilization of arsenic from anode slime by forming crystal scorodite. Transactions of Nonferrous Metals Saciety of China, 2015, 25(4): 1298-1306.

[4] 李岚, 蒋开喜, 刘大星, 等. 加压氧化浸出处理硫化砷渣. 矿冶, 1998, 7(4): 46-50.

[5] Abedin M J, Cresser M S, Meharg A A, et al. Arsenic accumulation and metabolism in rice (*Oryza sativa L.*). Environmental Science & Technology, 2002, 36(5): 962-968.

[6] Michael H A. An arsenic forecast for China. Science, 2013, 341(6148): 852-853.

[7] Alonso D L, Latorre S, Castillo E, et al. Environmental occurrence of arsenic in Colombia: a review. Environmental Pollution, 2014, 186: 272-281.

[8] Smith A H, Smith M M H. Arsenic drinking water regulations in developing countries with extensive exposure. Toxicology, 2004, 198(1-3): 39.

[9] Skjelkv B L, Andersen T, Fjeld E, et al. 北欧湖泊的重金属调查：浓度、地理模式及与临界界限的关系. AMBIO-人类环境杂志, 2001, 30(1): 2-10.

[10] 谢征宇, 鲍征宇, 黄康俊, 等. 采矿活动与重金属的环境效应. 全国成矿理论与找矿方法学术讨论会. 北京, 2007.

[11] Oinam J D, Ramanathan A, Linda A, et al. A study of arsenic, iron and other dissolved ion variations in the groundwater of Bishnupur District, Manipur, India. Environmental Earth Sciences, 2011, 62(6): 1183-1195.

[12] Dubey C S, Shukla D P, Tajbakhsh M, et al. Anthropogenic arsenic menace in Delhi Yamuna Flood Plains. Environmental Earth Sciences, 2012, 65(1): 131-139.

[13] 丁爱中, 杨双喜, 张宏达. 地下水砷污染分析. 吉林大学学报(地), 2007, 37(2): 319-325.

[14] 李梦娣. 大同盆地地下水中砷活化机理同位素地球化学研究. 北京: 中国地质大学(北京), 2013.

[15] Armienta M A, Segovia N. 墨西哥地下水中的砷和氟化物. 葛秀珍(译), 张福存(校). 水文地质工程地质技术方法动态, 2009, (3): 1-6.

[16] 陈珊珊. 地热水条件下砷在水合氧化铈表面的吸附机理研究. 厦门: 厦门大学, 2012.

[17] Garelick H, Jones H, Dybowska A, et al. Arsenic pollution sources. Reviews of Environmental Contamination and Toxicology, 2008, 197: 17.

[18] Ravenscroft P, Brammer H, Richards K S. Arsenic Pollution: A Global Synthesis. Wiley-Blackwell, 2009, 1(33): 619-645.

[19] Cullen W R, Reimer K J. Arsenic speciation in the environment. Chemical Reviews, 1989, 89(4): 713-764.

[20] Berg M, Tran H C, Nguyen T C, et al. Arsenic contamination of groundwater and drinking water in Vietnam: A human health threat. Environmental Science & Technology, 2001, 35(13): 2621.

[21] Bissen M, Frimmel F H. Arsenic - a review. Part I: Occurrence, toxicity and speciation, and mobility. CLEAN - Soil, Air, Water, 2003, 31(1): 9-18.

[22] Singh R, Singh S, Parihar P, et al. Arsenic contamination, consequences and remediation techniques: A review. Ecotoxicol Environ Saf, 2015, 112: 247-270.

[23] Ashley P M, Lottermoser B G. Arsenic contamination at the Mole River mine, northern New South Wales. Australian Journal of Earth Sciences, 1999, 46(6): 861-874.

[24] Smedley P L, Kinniburgh D G. A review of the source, behaviour and distribution of arsenic in natural waters. Applied Geochemistry, 2002, 17(5): 517-568.

[25] Azcue J M, Nriagu J O. Impact of abandoned mine tailings on the arsenic concentrations in Moira Lake, Ontario. Journal of Geochemical Exploration, 1995, 52(1): 81-89.

[26] Ng J C. Environmental contamination of arsenic and its toxicological impact on humans. Environmental Chemistry, 2005, 2(2): 146-160.

[27] Maher W A. Arsenic in coastal waters of South Australia. Water Research, 1985, 19(7): 933-934.

[28] Tangahu B V, Abdullah S R S, Basri H, et al. A review on heavy metals (As, Pb, and Hg) uptake by plants through phytoremediation. International Journal of Chemical Engineering, 2011, 2011: 1-31.

[29] Huang J, Matzner E. Dynamics of organic and inorganic arsenic in the solution phase of an acidic fen in Germany. Geochimica et Cosmochimica Acta, 2006, 70(8): 2023-2033.

[30] 王永杰. 长江河口潮滩沉积物中砷的迁移转化机制研究. 上海: 华东师范大学, 2013.

[31] Xu Z, Jing C, Li F, et al. Mechanisms of photocatalytical degradation of monomethylarsonic and dimethylarsinic acids using nanocrystalline titanium dioxide. Environmental Science & Technology, 2008, 42(7): 2349.

[32] Katsoyiannis I A, Zouboulis A I, Jekel M. Kinetics of bacterial As(III) oxidation and subsequent As(V) removal by sorption onto biogenic manganese oxides during groundwater treatment. Industrial & Engineering Chemistry Research, 2004, 43(2): 486-493.

[33] Katsoyiannis I, Zouboulis A. Use of Iron- and Manganese-Oxidizing Bacteria for the Combined Removal of Iron, Manganese and Arsenic from Contaminated Groundwater. Water Quality Research Journal of Canada, 2009, 41(2): 117-129.

[34] 马前, 庄琳懿, 倪亚明. 国内外重金属污染处理技术的进展. 全国水体污染控制治理技术与突发性水污染事故应急处理体系建设高级研讨会, 2006.

[35] 郭燕妮, 方增坤, 胡杰华, 等. 化学沉淀法处理含重金属废水的研究进展. 工业水处理, 2011, 31(12): 9-13.

[36] Matschullat J. Arsenic in the geosphere - a review. Sci Total Environ, 2000, 249, 297-312.

[37] Pacyna J M, Pacyna E G. An assessment of global and regional emissions of trace metals to the atmosphere from anthropogenic sources worldwide. Environ rev, 2001, 9: 269-298.

[38] Sánchez-Rodas D, de la Campa A M A S, Rosa J D D L, et al. Arsenic speciation of atmospheric particulate matter (PM10) in an industrialised urban site in southwestern Spain. Chemosphere, 2007, 66: 1485-1493.

[39] Chilvers D, Peterson P. Global cycling of arsenic. Lead, mercury, cadmium and arsenic in the environment, 1987: 279-301.

[40] Appelo C A J, Postma D. Geochemistry, groundwater and pollution. Sediment Geol, 2006, 220: 256-270.

[41] Lindberg S E, Wall Schläger D, Prestbo E M, et al. Methylated mercury species in municipal waste land fill gas Sampled in Florida, USA1. Atmospheric Environment, 2001, 35(23): 4011-4015.

[42] Turner A W, Bacterial oxidation of arsenite. Nature, 1949, 164: 76.

[43] Francesconi K, Kuehnelt D. Arsenic compounds in the environment. Environmental chemistry of arsenic, 2002: 51-94.

[44] 王萍, 王世亮, 刘少卿, 等. 砷的发生、形态、污染源及地球化学循环. 环境科学与技术, 2010, 33: 96-103.

[45] Garelick H, Jones H. Dybowska A., et al. Arsenic pollution sources. Rev Environ Contam Toxicol, 2008, 197: 17-60.

[46] Aurilio A C, Mason R P, Hemond H F. Speciation and fate of arsenic in three lakes of the aberjona watershed. Environ Sci Technol, 1994, 28: 577-585.

[47] Q Fu, G Zhuang, J Li, et al. Source, long-range transport, and characteristics of a heavy dust pollution event in Shanghai. Journal of Geophysical Research Atmospheres, 2010, 115(07): 6128.

[48] Pey J, Alastuey A, Querol X, et al. A simplified approach to the indirect evaluation of the chemical composition of atmospheric aerosols from PM mass concentrations. Atmos Environ, 2010, 44: 5112-5121.

[49] 宋楚华. 大气颗粒物中痕量砷的形态分析. 武汉理工大学学报, 2010(13): 45-47.

[50] 贺婷婷. 北京市石景山区大气颗粒物中总砷及形态研究, 衡阳: 南华大学, 2011.

[51] 贺婷婷, 李柏, 徐殿斗, 等. 磷酸超声提取大气颗粒物中砷的多种形态. 分析化学, 2011, 39: 491-495.

[52] 陈琴琴. 中国砷污染排放清单研究. 南京: 南京大学, 2013.

[53] 江华亮, 王宗爽, 武雪芳, 等. 我国大气 PM$_{2.5}$ 中砷的污染特征、来源及控制. 环境工程技术学报, 2015, 5: 464-470.

[54] 龚仓, 徐殿斗, 马玲玲. 大气颗粒物中砷及其形态的研究进展. 化学通报, 2014, 77: 502-509.

[55] Jiang Y, Zeng X, Fan X, et al. Levels of arsenic pollution in daily foodstuffs and soils and its associated human health risk in a town in Jiangsu Province, China. Ecotoxicology & Environmental Safety, 2015, 122: 198-204.

[56] 宋波, 刘畅, 陈同斌. 广西土壤和沉积物砷含量及污染分布特征. 自然资源学报, 2017, 32(4): 654-668.

[57] Abumaizar R J, Smith E H. Heavy metal contaminants removal by soil washing. Journal of Hazardous Materials, 1999, 70(1-2): 71.

[58] Tyrovola K, Nikolaidis N P. Arsenic mobility and stabilization in topsoils. Water Research, 2009, 43(6): 1589-1596.

[59] Fayiga A O, Saha U K. Arsenic hyperaccumulating fern: Implications for remediation of arsenic contaminated soils. Geoderma 2016, 284: 132-143.

[60] Cao M, Ye Y, Chen J, et al. Remediation of arsenic contaminated soil by coupling oxalate washing with subsequent ZVI/Air treatment. Chemosphere 2016, 144: 1313.

[61] Woolson E A. Fate of arsenicals in different environmental substrates. Environmental Health Perspectives, 1977, 19(19): 73.

[62] 谢正苗, 黄昌勇, 何振立. 土壤中砷的化学平衡. 环境工程学报, 1998, (1): 22-37.

[63] 陈洪, 邓睿, 特拉津, 等. 伊犁河流域土壤中 As、Hg 环境地球化学基线及环境现状研究. 中国农学通报 2012, 28(26): 217-223.

[64] 杨肖娥, 杨明杰. 砷从农业土壤向人类食物链的迁移. 广东微量元素科学, 1996, 11(1): 1-10.

[65] 陈怀满. 环境土壤学. 地球科学进展, 1991, 6(02): 49-50.

[66] Chen W Q, Shi Y L, Wu S L. Anthropogenic arsenic cycles: A research framework and features. Journal of Cleaner Production 2016, 139: 328-336.

[67] Liao X Y, Chen T B, Xie H. Soil As contamination and its risk assessment in areas near the industrial districts of Chenzhou City, Southern China. Environment International, 2005, 31(6): 791-799.

[68] 毕伟东, 王成艳, 王成贤. 砷及砷化物与人类疾病. 微量元素与健康研究, 2002, 19(2): 76-79.

[69] 徐红宁, 许嘉琳. 我国砷异常区的成因及分布. 土壤, 1996, (2): 80-84.

[70] Ruíz-Huerta E A, De l G V A, Gómez-Bernal J M, et al. Arsenic contamination in irrigation water, agricultural soil and maize crop from an abandoned smelter site in Matehuala, Mexico. Journal of Hazardous Materials, 2017, 339: 330.

[71] 张军营, 郑楚光, 刘晶, 等. 燃煤砷污染和抑制研究进展. 煤炭转化, 2002, 25(2): 23-28.

[72] Jackson B P, Seaman J C, Bertsch P M. Fate of arsenic compounds in poultry litter upon land application. Chemosphere, 2006, 65(11): 2028-2034.

[73] Bednar A J, Garbarino J R, Ferrer I, et al. Photodegradation of roxarsone in poultry litter leachates. Science of the Total Environment 2003, 302(1-3): 237-245.

[74] Liu X, Zhang W, Hu Y, Arsenic pollution of agricultural soils by concentrated animal feeding operations (CAFOs). Chemosphere, 2015, 119: 273-281.

[75] 梁月香. 砷在土壤中的转化及其生物效应. 武汉: 华中农业大学, 2007.

[76] Mandal B K, Suzuki K T. Arsenic round the world: a review. Talanta, 2002, 58(1): 201-235.

[77] 刘学. 砷在棕壤中的吸附—解吸行为及赋存形态研究. 沈阳: 沈阳农业大学, 2009.

[78] 杨胜科 王文科, 张威, 等. 砷污染生态效应及水土体系中砷的治理对策研究. 地球科学与环境学报, 2004, 26(03): 69-73.

[79] Wang Z, Cui Z, Liu L, et al. Toxicological and biochemical responses of the earthworm Eisenia fetida exposed to contaminated soil: Effects of arsenic species. Chemosphere, 2016, 154: 161-170.

[80] Yamamura S, Watanabe M, Yamamoto N, et al. Potential for microbially mediated redox transformations and mobilization of arsenic in uncontaminated soils. Chemosphere, 2009, 77(2): 169-174.

[81] Oremland R S, Hoeft S E, Santini J M, et al. Anaerobic oxidation of arsenite in mono lake water and by a facultative, arsenite-oxidizing chemoautotroph, strain MLHE-1. Applied & Environmental Microbiology, 2002, 68(10): 4795-4802.

[82] Li J S, Beiyuan J, Dcw T, et al. Arsenic-containing soil from geogenic source in Hong Kong: Leaching characteristics and stabilization/solidification. Chemosphere, 2017, 182: 31.

[83] Muehe E M, Morin G, Scheer L, et al. Arsenic (V) Incorporation in Vivianite during Microbial Reduction of Arsenic (V)-Bearing Biogenic Fe (III) (Oxyhydr) oxides. Environmental Science & Technology, 2016, 50 (5): 2281.

[84] Islam F S, Gault A G, Boothman C, et al. Role of metal-reducing bacteria in arsenic release from Bengal delta sediments. Nature, 2004, 430 (6995): 68-71.

[85] Hohmann C, Winkler E, Morin G, et al. Anaerobic Fe (II)-oxidizing bacteria show as resistance and immobilize as during Fe (III) mineral precipitation. Environmental Science & Technology, 2010, 44 (1): 94-101.

[86] 白德奎, 朱霞萍, 王艳艳, 等. 氧化锰、氧化铁、氧化铝对砷 (III) 的吸附行为研究. 岩矿测试, 2010, 29 (01): 55-60.

[87] 杨晓松, 陈谦, 乔琦, 等. 有色金属冶炼 重点行业重金属污染控制与管理. 北京: 中国环境出版社, 2014.

[88] 韩明霞, 孙启宏, 乔琦, 等. 中国火法铜冶炼污染物排放情景分析. 环境科学与管理, 2009, (12): 40-44.

[89] 明扬, 黄羽飞. 我国铜冶炼废气治理技术研究. 农业与技术, 2015, (18): 230-231.

[90] 陈雄. 冶炼烟气制酸污酸处理技术研究. 科技创新与应用, 2015, (7): 25-26.

[91] 杨晓松, 邵立南. 膜分离技术在冶炼废水处理及资源回收中的应用. 第三届膜分离技术在冶金工业中应用研讨会论文集, 2009.

[92] 邵立南, 杨晓松. 我国有色金属冶炼废水处理的研究现状和发展趋势. 有色金属工程, 2011, (4): 39-42.

[93] 郑曦, 刘峰彪, 邵立南, 等. 高压低流电化学深度处理砷氟废水技术研究. 环境保护科学, 2016, (2): 46-50.

[94] 邵立南, 杨晓松. 有色金属冶炼污酸处理技术现状及发展趋势. 有色金属工程, 2013, (5): 59-60.

[95] 姚芝茂, 徐成, 赵丽娜. 铜冶炼工业固体废物综合环境管理方法研究. 环境工程, 2010, (S1): 230-234.

[96] 杨晓松, 胡建龙, 邵立南. 重金属废渣综合利用技术现状及发展趋势. 第十届环境与发展论坛, 2014.

[97] 初征, 杨晓松, 邵立南, 等. 我国铅冶炼行业重金属污染防控重点解析. 有色金属工程, 2014, (6): 70-72.

[98] Zhang C, Cao W, Zhan J, et al. Extraction Equilibrium of Mn^{2+}, Ca^{2+}, and Mg^{2+} from Chloride Solutions by Di (2-ethylhexyl) phosphoric Acid Dissolved in Kerosene. JOM, 2015, 67 (5): 1110-1113.

[99] 张传福, 姚永林, 湛菁. Fe^{2+}—Ni^{2+}—NH_3—NH_4^+—$C_2O_4^{2-}$—H2O $LiNi_{1/3}Co_{1/3}Mn_{1/3}O_2$ 体系的沉淀-配合平衡热力学. 中国有色金属学报, 2012, 22 (10): 2938-2943.

[100] Zhang C F, Ping Y, Xi D A I, et al. Synthesis of $LiNi_{1/3}Co_{1/3}Mn_{1/3}O_2$ cathode material via oxalate precursor. Transactions of Nonferrous Metals Society of China, 2009, 19 (3): 635-641.

[101] 张传福, 吴翠云. 第 VA 族元素在铜熔炼过程中分配行为的数学模型. 中南工业大学学报, 1995, 26 (3): 343-348.

[102] Wang J, Wang H, Tong C, et al. Simulation of frozen slag inside brickless reaction shaft of flash smelting furnace. Metallurgical and Materials Transactions B, 2013, 44 (6): 1572-1579.

[103] 汪金良, 张传福, 张文海. Fe_3O_4 在铜闪速炉反应塔中的形成热力学. 中南大学学报: 自然科学版, 2013, 44 (12): 4787-4792.

[104] 曹辉, 张传福, 张训鹏, 等. 高铜粗锑火法精炼除铜研究. 有色金属: 冶炼部分, 2003, (3): 10-12.

[105] 周萍, 周乃君, 蒋爱华, 陈红荣. 传递过程原理及其数值仿真. 长沙: 中南大学出版社, 2006.

[106] 李欣峰. 炼铜闪速炉熔炼过程的数值分析与优化. 长沙: 中南大学, 2001.

[107] Themelis N J, Makinen J K, Munroe N D H. Physical chemistry of extractive metallurgy. TMS-AIME, Warrendale, P A, 1985: 289-309.

[108] Padilla R, Aracena A, Ruiz M C. Reaction mechanism and kinetics of enargite oxidation at roasting temperatures. Metallurgical and Materials Transactions B, 2012, 43 (5): 1119-1126.

[109] Safarzadeh M S, Miller J D, Huang H H. Thermodynamic analysis of the Cu-As-S-(O) system relevant to sulfuric acid baking of enargite at 473 K (200℃). Metallurgical and Materials Transactions B, 2014, 45 (2): 568-581.

[110] Winkel L, Wochele J, Ludwig C, et al. Decomposition of copper concentrates at high-temperatures: An efficient method to remove volatile impurities. Minerals Engineering, 2008, 21 (10): 731-742.

[111] 周俊. 高强度闪速熔炼中的冶金过程研究. 长沙: 中南大学, 2015.

[112] Montenegro V, Sano H, Fujisawa T. Recirculation of high arsenic content copper smelting dust to smelting and converting processes. Minerals Engineering, 2013, 49(8): 184-189.

[113] Samuelsson C, Carlsson G. Characterization of copper smelter dusts. Cim Bulletin, 2001, 94(1051): 111-115.

[114] 王若瞳, 黄向东, 张博, 等. 海量气象数据实时解析与存储系统的设计与实现. 计算机工程与科学, 2015, (11): 2045-2054.

[115] 张兴凯, 李彪. 城市公共安全规划数据库设计探讨. 安全与环境学报, 2004, (3): 15-17.

[116] 林英建. 数据库逻辑设计性能优化关键技术研究. 计算机技术与发展, 2013, (12): 74-77.

[117] 杨国庆, 吴启光. 误差服从多元 t 分布的一类线性模型下参数估计的若干注记. 系统科学与数学, 2007, 27(1): 39-50.

[118] 柯宗建, 董文杰, 张培群, 等. An analysis of the difference between the multiple linear regression approach and the multi model ensemble Mean. 大气科学进展, 2009, 26(6): 1157-1168.

[119] 张晓天, 贾光辉, 黄海. 基于分形理论和节点分离有限元的泡沫铝防护结构数值仿真研究(英文). Chinese Journal of Aeronautics, 2011, (6): 51-57.

[120] 王敬章. 人工神经网络在机械设备故障诊断中的应用. 天然气工业, 2009, 29(6): 120-122.

[121] 陈果. 神经网络模型的预测精度影响因素分析及其优化. 模式识别与人工智能, 2005, 18(5): 528-534.

[122] 汤凯乐, 周萍, 马海博, 等. 基于 Unity3D 虚拟基夫赛特炉的实现. 电子设计工程, 2017, 25(7): 10-14.

[123] 马倩玲, 郭泉. 铜冶炼企业的环境影响评价. 有色金属工程, 2009, 61(1): 125-128.

[124] 中国标准物质网.铜冶炼行业主要原料、产品及副产品. http://www.gbw114.com/news/n14557.html, 2015-12-15.

[125] 明扬, 黄羽飞. 我国铜冶炼废气治理技术研究. 农业与技术, 2015, (18): 230-231.

[126] Rodríguez-Lado L, Sun G F, Berg M, et al. Groundwater arsenic contamination throughout China. Science. 2013, 341(6148): 866-868.

[127] 吴万富, 徐艳, 史德强, 等. 我国河流湖泊砷污染现状及除砷技术研究进展. 环境科学与技术. 2015, 38(6P): 190-197.

[128] 王萍, 王世亮, 刘少卿, 等. 砷的发生, 形态, 污染源及地球化学循环. 环境科学与技术, 2010, 33(7): 90-97.

[129] 贾海. 高砷冶金废料的回收与综合利用. 长沙: 中南大学, 2013.

[130] 马承荣. 含砷废渣资源化利用技术现状. 广东化工, 2013, 40(6): 119-120.

[131] Min X B, Liao Y P, Chai L Y, et al. Removal and stabilization of arsenic from anode slime by forming crystal scorodite. Transactions of Nonferrous Metals Society of China, 2015, 25(4): 1298-1306.

[132] 水志良, 陈起超, 水浩东. 砷化学与工艺学. 北京: 化学工业出版社, 2014.

[133] 刘树根, 田学达. 含砷固体废物的处理现状与展望. 湿法冶金, 2005, 24(4): 183-186.

[134] Barth E F. An overview of the history, present status and future direction of solidification/stabilization technologies for hazardous waste treatment. Journal of Hazardous Material, 1990, 24(2-3): 103-109.

[135] 方兆珩, 石伟, 韩宝玲等. 高砷溶液中和脱砷过程. 化工冶金, 2000, 21(4): 359-362.

[136] Wang Q K, Denopoulos G P. ICHM'98: Proceedings of the Third International Conference on Hydrometallurgy. Kunming, China, November 3-5, 1998, International Academic Publishers.

[137] Wu S M, Xue Y Z, Zhou L M, et al. Structure and morphology evolution in mechanochemical processed CuInS2 powder[J]. Journal of Alloys and Compounds, 2014, 600: 96-100.

[138] Lu S Y, Huang J X, Peng Z, et al. Ball milling 2, 4, 6-trichlorophenol with calcium oxide: Dechlorination experiment and mechanism considerations. Chemical Engineering Journal, 2012, 195-196: 62-68.

[139] Stellacci P, Liberti L, Notarnicola M, et al. Valorization of coal fly ash by mechano-chemical activation: Part I. Enhancing adsorption capacity. Chemical Engineering Journal, 2009, 149(1-3): 11-18.

[140] Naseri E, Reyhanitabar A, Oustan S, et al. Optimization arsenic immobilization in a sandy loam soil using iron-based amendments by response surface methodology. Geoderma, 2014, 232-234: 547-555.

[141] Setoudeh N, Welham N J. Ball milling induced reduction of SrSO4 by Al. International Journal of Mineral Processing, 2011, 98(3-4): 214-218.

[142] Takacs L. Self-sustaining reactions induced by ball milling. Progress in Materials Science, 2002, 47(4): 355-414.

[143] Calos N J, Forrester J S, Schaffer G B. A Crystallograph ic Contribution to the Mechanism of a Mechanically Induced Solid State Reaction. Journal of Solid State Chemistry, 1996, 122 (2): 273-280.

[144] Zhang W, Huang J, Yu G, et al. Mechanochemical destruction of Dechlorane Plus with calcium oxide. Chemosphere, 2010, 81 (3): 345-350.

[145] Nomura Y, Fujiwara K, Terada A, et al. Mechanochemical degradation of γ-hexachlorocyclohexane by a planetary ball mill in the presence of CaO. Chemosphere, 2012, 86 (3): 228-234.

[146] Inoue T, Miyazaki M, Kamitani M, et al. Dechlorination of polyvinyl chloride by its grinding with KOH and NaOH. Advanced Powder Technology, 2005, 16 (1): 27-34.

[147] Chai L Y, Liang Y J, Ke Y, et al. Mechano-chemical sulfidization of zinc oxide by grinding with sulfur and reductive additives. Transactions of Nonferrous Metals Society of China, 2013, 23 (4): 1129-1138.

[148] Ke Y, Chai L Y, Liang Y J, et al. Sulfidation of heavy-metal-containing metallurgical residue in wet-milling processing. Minerals Engineering, 2013, 53: 136-143.

[149] Montinaro S, Concas A, Pisu M, et al. Remediation of heavy metals contaminated soils by ball milling. Chemosphere, 2007, 67 (4): 631-639.

[150] Montinaro S, Concas A, Pisu M, et al. Immobilization of heavy metals in contaminated soils through ball milling with and without additives. Chemical Engineering Journal, 2008, 142 (3): 271-284.

[151] Stellacci P, Liberti L, Notarnicola M, et al. Valorization of coal fly ash by mechano-chemical activation: Part II. Enhancing pozzolanic reactivity. Chemical Engineering Journal, 2009, 149 (1-3): 19-24.

[152] 中华人民共和国环境保护部. HJ 863.3—2017 排污许可证申请与核发技术规范 有色金属工业——铜冶炼. 北京: 中国环境出版社, 2017.

[153] 中华人民共和国环境保护部. HJ 819—2017 排污单位自行监测技术指南 总则. 北京: 中国环境出版社, 2017.

[154] 国家环境保护总局, 国家质量监督检验检疫总局. GB 25467—2010《铜、镍、钴工业污染物排放标准》及修改单. 北京: 中国环境出版社, 2013.

[155] 中华人民共和国环境保护部. HJ 558—2010《清洁生产标准 铜冶炼业》. 北京: 中国环境出版社, 2010.

[156] 中华人民共和国环境保护部. HJ 559—2010《清洁生产标准 铜电解业》. 北京: 中国环境出版社, 2010.

[157] 国家环境保护总局, 国家质量监督检验检疫总局. GB 18599—2001《一般工业固体废物储存、处置场污染控制标准》及修改单. 北京: 中国环境出版社, 2013.

[158] 国家环境保护总局, 国家质量监督检验检疫总局. GB 18597—2001《危险废物储存污染控制标准》及修改单. 北京: 中国环境出版社, 2013.